Rich致富166

踏實
從冰棒小販到橫跨國際的三花棉業

施純鎰◎著
陳紅旭◎整理

高寶書版集團

致富館 166

踏實：從冰棒小販到橫跨國際的三花棉業

作　　者：施純鎰
整　　理：陳紅旭
總 編 輯：林秀禎
編　　輯：吳怡銘
校　　對：洪德任、蘇文娟

發 行 人：朱凱蕾
出 版 者：英屬維京群島商高寶國際有限公司台灣分公司
Global Group Holdings, Ltd.
地　　址：台北市內湖區洲子街88號3樓
網　　址：gobooks.com.tw
電　　話：(02) 27992788
E-mail：readers@gobooks.com.tw（讀者服務部）
pr@gobooks.com.tw（公關諮詢部）
電　　傳：出版部 (02) 27990909 行銷部 （02）27993088
郵政劃撥：19394552
戶　　名：英屬維京群島商高寶國際有限公司台灣分公司
發　　行：希代多媒體書版股份有限公司/Printed in Taiwan
初版日期：2008 年 9 月
二版112刷：2019 年 8 月

國家圖書館出版品預行編目資料

踏實：從冰棒小販到橫跨國際的三花棉業 / 施純鎰著; 陳紅旭整理. -- 初版. -- 臺北市 : 高寶國際出版 : 希代多媒體發行, 2008.9
面 ; 公分. -- (致富館 ; RI 166)

ISBN 978-986-185-220-1(平裝)

1. 施純鎰　2. 臺灣傳記　3. 企業家　4. 成功法

490.9933　　97015474

踏實

從冰棒小販到
橫跨國際的三花棉業

·目　錄·

社會經

人生經

【推薦序】

天生的生意囝

台塑企業創辦人 王永慶

施純鎰先生天生就注定要做生意賺錢的。正因為如此，所以老天爺賜給他一顆聰慧靈敏的頭腦和一副不計較小事細節的個性，以及一個極為貧窮的生活環境和備感辛苦困頓的童年。由於這些條件的搭配，才造就了一個成功的生意人。

為什麼這樣說呢？因為無論做任何事情，如果缺少聰慧靈敏的頭腦，是很難做得出色，這是最基本的條件。但是我們也知道，人若只是聰明而不知努力，或者將腦筋都用在計較一些枝微末節的小事情上面，以致眼光短淺、心胸狹隘，終究還是難以成事。因此，懂得什麼事應該計較、什麼事可以不必計較，也是很重要的。

施先生小時候，家裡有六個兄弟姐妹，但是家中無論大大小小的事，總是落在他的頭上，由他一個人承擔去做，日子過得非常辛苦。另一方面，有什麼好的東西，從來都沒有他的份，而且動不動就會挨罵、甚至挨打，可以說受盡了不公平的待遇。但他都心平氣和地默默承受，既沒有心生不平，也從來不計較，所以能夠平安順利的度過在別人眼中看起來非常辛酸的童年，並且將這些苦楚轉化成為人生的發展動能。

對於童年所經歷的辛酸苦楚，如果施先生感覺氣憤不平或計較不滿，內心一定會時時產生埋怨悲嘆；那麼童年的經歷就很有可能演變成為人生中不幸的源頭。因為內心存有不滿而怨嘆的人，是不可能凡事積極進取，勇往直前的。這樣的話，就不會有今天賺很多錢，事業成功的施先生了。還好他對於童年一切不公平的處境逆來順受，甚至當做是人生必經的過程，完全不以為苦，也沒有任何怨嘆。因此儘管一直在受苦受難，可是一點也不影響他積極進取的精神和態度，反而激發他認真努力設法擺脫困境的意志和決心，做任何事都全力以赴。這是施先生十分令人欽佩，並且非常值得借鏡的地方。

因此，貧窮和艱困的童年對於施先生來說，應該是一件值得感謝的事。因為貧窮困頓造成施先生無論如何都要想盡一切辦法、用盡一切力量，賺取足夠的金錢來擺脫貧窮、改善生活。由於一心一意就是要賺錢，其他一概拋諸腦後，所以不論是對光復以前的日本人教育，或者是光復以後的中國人教育，他根本不感興趣，也完全無所關心掛意，因此每天一到學校就開始在等下課，要去擺攤、賣冰棒，做生意賺錢。這種強烈的企圖心，可以說是早年的困苦環境所逼出來的，也是施先生後來能夠成功賺大錢的重要因素所在。從他的親身經歷，可以做為現代年輕人一個有用的參考：辛苦的境遇若是無法擺脫，就要當成是一種鍛鍊和自我養成的機會，並且勇敢去面對，天下不會有白吃的苦，苦盡自然就會甘來。

施先生因為從小對於讀書上課完全不感興趣，也毫無心得可言，所以在他以後很長的一段人生過程中，總是為此而深深感到自卑，在社會上和人交往時也常常覺得矮人一截。其實在我看來，所謂「術業有專攻」，無論是在各行各業當中，如果能夠專心一意、持續勤奮以赴，終致有所專精和成就，都是值得肯定和尊敬的。每個人的天資稟賦各有不同，如何善用自己的天賦，盡其所能發揮專長，由此謀取成就，才是最重要的事情。

像施先生這樣一位腦筋和心思都極為靈巧的人，他知道自己的所長，因此選擇做生意賺錢，並且在所從事的行業裡面精進不已，做到有聲有色、名列前茅，這就是值得肯定和尊敬的人生價值，有沒有讀多少書，反而不是主要的重點所在。在現實的社會中，有許多人因為忽略了自己的性向和專長，所以沒有目標和方向的跟隨社會的時尚風潮，選擇了繼續讀書升學一途，以致到頭來一事無成，反而非常可惜。如果從這樣的觀點來看，施先生的成功經歷，對於年輕人在選擇人生方向的時候，也是十分具有參考和提醒作用的。

處處用心、事事用心，是施先生成功的關鍵所在。舉例而言，對於大多數人來說，打高爾夫球就是一種兼具運動和社交娛樂的活動，因為能夠健身，同時深具趣味性，所以很多人都樂此不疲。但是在施先生看來，打球的意義就不僅只於此了，除了上述運動健康和社交娛樂之外，他還從高爾夫球中印證做生意的訣竅。一顆小白球擺在地下，靜止不動，但是如果沒有經過必要的練習過程，掌握到要領，很容易就會打歪或打偏，甚至根本打不到球。這種情形，就好像滿街都是人潮，應該是充滿商機才對，但是抓不到生意訣竅的人，很可能根本做不到任何生意。無論做什麼事情，甚至只是在休閒娛樂，像施先生都會用心的觀察和思考，體悟道理、觸類旁通，這就是為什麼他做事業會成功出色的原因所在。

再譬如施先生也喜歡釣魚。他知道如果在同一個地點一直都釣不到的話，就必須換個地點試試；大雨過後，魚都游累了也餓了，這時垂釣特別容易有收穫。在生意上，道理也是相同的。腦筋靈活、會看風向、不被固定的想法綁住、隨時觀察市場動態，做為適度的變通因應，生意才會做得好。釣魚的時候，若是來不及準備魚餌，也可以用吐司替代。一般人釣一次魚買一包吐司三十五元，釣完魚就把剩下的吐司丟掉，施先生會將一包七片的吐司分成十四份，每次只帶一份去釣魚，其餘的吐司放在冰箱保存。這樣一包吐司就可以用十四次，省下來的錢雖然不多，但重點是不浪費。別人釣一次魚花三十五元，施先生只花二塊半，少掉十多倍的成本。同樣的方法放大在生意的場合，效果就相當可觀了。這也是施先生在釣魚的休閒娛樂中體會到的成本哲學。

施先生的書中也提到，有時釣上來的魚放在一旁，野貓或野狗會來偷襲搶食，而家貓或家犬就不會做這樣的事，因為沒有必要。從這種小小的事例，施先生也能聯想並體會到，艱苦過的人比較知道如何求生存，就像野貓和野狗，由於沒有現成的食物可以餵飽肚子，如果不盡力設法尋找，就有可能挨餓，甚至死亡，所以自我求生存的能力就特別強。

凡此種種的事例，在施先生的書中提到很多，都是他在實際生活和做生意當中，用心觀察和思考所獲得的智慧結晶。施先生很謙虛的說他沒讀過什麼書，但是在我看來，他實際上不是透過閱讀別人寫作的書籍來理解事物之道，而是經由親自的直接觀察，運用智慧腦力體會潛藏在事物當中的道理，由此產生的效果，絕不在讀書之下。由於他時時用心、處處用心，因此能夠深通生意事物各項道理，遠遠超過一般。準此而觀，他並非如自己所謙稱的沒有讀過什麼書，而且是位知書達理之士，可以做為社會的典範楷模。也因此，施先生要出書敘說自己的生平經歷，提供給社會各界參考，本人不但樂見，也願意為之作序引介。

【推薦序】

白手起家、奔向成功的最佳典範

前台灣大學校長

陳維昭

透過同學張武誼醫師夫婦和李源德醫師的關係，和施純鎰先生一家由認識而成為好朋友，算來已將近二十年了。一般人所了解的施純鎰是一位從小刻苦、艱辛創業，終而獲致成功的企業家，但是在與他有更深接觸之後，才知道其實他受的苦比別人更多，遭遇比別人更坎坷，因此他的成功也比別人需要更多的付出、更強的毅力與更高的聰明智慧。

我很喜歡聽他講「生意經」，大部分是他辛苦奮鬥的心路歷程和獨特的經營哲學，聽後總帶給我深深的感動和敬佩。施純鎰雖然事業做得非常成功，處事卻異常低調，給人的感覺就是誠懇、實在。

多年的交往，深覺施純鎰的人生確實充滿傳奇，從中我們看到他人生的起伏轉折，也得到許多寶貴的經驗，其中給我最重要的啟發是：貧窮與困苦往往是邁向成功的原動力。施純鎰小時候家庭生活清苦，除了念書，還要幫家裡做生意，更要照顧體弱多病的母親，往往一天只能吃一頓飯。這樣艱苦的處境，反而激發他奮鬥的意志，讓他無時無刻不在動腦思考如何走出困境、邁向成功。日本企業家松下幸之助曾說過：「年輕時，如果可能的話，花錢也要去買個苦難的經驗。」苦難固然是一種折磨、煎熬，卻也是一種磨練和機會。正如施先生所說的：「若不是過去那一段吃苦的日子，我不會有今天。」

施純鎰先生識見廣闊、事理通達，和他相處總可以學到不少東西，後來才知他因家境清苦，小學畢業後就沒有繼續升學。這讓我感到萬分驚訝，一個念書不多的人，竟有如此廣闊的知識基礎，和精明的解析與判斷能力，並建立起他獨特的經營理念和人生哲學，也印證了「學歷不等於學力」的說法。這也是他給我的另一個重要啟示。

施純鎰先生白手起家、胼手胝足，使「三花棉業」成為產業界的奇蹟，也讓他成為業界備受敬重的企業家。有感於年輕時期的困難處境，施先生特別關懷弱勢，除了成立「財團法人三花棉業公益教育基金會」外，也積極參與許多獎助清寒學生與激勵學術研究的公益活動。更可貴的是施先生擁有一個和樂圓滿的家庭，施夫人賢淑善良，子女們深受父母影響，個個自律、敬業，展現出純樸健康的作風和生活態度。施先生的成功是全方位的成功，也是業界的最佳典範。現在施純鎰願意把他生命中努力的過程發表出來編印成書，可說彌足珍貴。相信這本書的出版必能帶給社會寶貴的啟示，引發產業界深層的省思，給予年輕人莫大的鼓勵。茲值此書即將出版之際，特以老友的立場贅言幾句，並以之為序。

【推薦序】

社會學出身的狀元

前台大醫院院長
李源德

我與施純鎰，因為有許多共同成長的經驗，又同屬溫和敦厚的人，所以很自然的成了好朋友。

十五、六年以上的友誼，在持續的交往中，我高度肯定施純鎰為人的厚道與熱心。他是那種有好處，一定找大家分享的人。像吃到什麼好吃的，一定找好友一起再去吃一次，只因美味不想獨享。又譬如他去植牙，因為覺得不錯，自己體驗了所有的過程，知道我有牙齒上的困擾，便趕快介紹給我，還押著我去。從很多的肢體語言及動作，都可以感受到他真的很用心，是真心誠意地對待朋友。

十多年的熟識過程，我由衷的說，從各方面看施純鎰的努力，「施董的成功是必然，絕非偶然」。他會拿自己生產的內衣及襪子，不只自己穿，也給我們幾個好朋友試穿，過一段時間，一定詢問我們試穿後的心得。雖已經商品化了，甚至是已經得到專利的無痕肌襪子，他還持續在試，正因為「他自己挑剔品質，勝過消費者的要求」。他認可的標準，肯定消費者也無可挑剔了。

所以我說過，要不是因為行業別的不同，「施純鎰做什麼，我都願意投資。」因為他具有成功的特質，從事任何行業，都會成功。

雖然我見過的人不少，看過成功的人也不少，針對施純鎰的成功，還是很佩服他對自我的投資。為了讓事業更好，他日也想夜也想，無時無刻不在想，這種「很小心」的個性，做任何事都不容易出錯。

我眼中的施純鎰，從小到現在經歷無數的事，凡事好奇的個性，對每件做過的事都深刻了解，絕不馬虎應付了事。我可以這麼說，他堪稱是「自學的狀元，社會學出身的董事長」。他自學的成就，早超過由學歷可以得到的了。

根據我的觀察，高學歷的人適合在成熟的社會出人頭地，而低學歷的人只要努力，在發展中的社會是有機會的，施純鎰即是「典型在發展中社會，竄出頭的董事長」。連他自己也說，「沒有學歷的人，想在現在的社會擁有自己的一片天，是很難熬出頭的。」的確，只有在發展中的社會，沒有學歷背景的人，憑苦幹實幹，還有機會闖出一番成績。

當然，看在我的眼裡，施純鎰的為人很實在、不吹牛，不是誇大其詞的人。他很謙虛，尤其不計較的個性，寧可吃虧，也絕不占人便宜。因為自己「艱苦」過，他特別會體諒人；有機會，更願意幫助人，給人機會。

我擔任名儕基金會的董事長已經很多年了，一直設有獎學金，每年總有很多學生申請。有一年因為資金有限，無法給所有人獎學金，可是我並不想讓學生失望，突然想到打電話給施純鎰試試，說明獎學金短缺的窘況。他一聽，二話不說，基於「好事大家一起做」的心理，幫我度過難關。而且他給我另一種感覺，朋友有困難，當成是自己的事來解決。如此信任人、如此大度，真的讓我很感動。

「頂真」，其實是很多人對施純鎰的第一印象。譬如從一早醒來，他一板一眼的頂真性格就開始了，好像在軍隊化生活的作息中，自然隱含著他對人生的認真，一絲不苟。十幾年前，施純鎰的父親過世，我到他們家靈堂上香時，發現他對自己尊翁的那種由心底升起的敬重，真情流露，當時雖剛認識他不久，卻印象深刻。

當然，做為一個病人，在我眼中，施純鎰不能算是好病人，他很有自己的想法，在治病用藥上，他會用自己的判斷，不全然聽醫生的。我因為了解他的個性，像開給他有關高血壓的藥，就以反應性的高血壓用藥為主，不怕他自己更改藥量。

我一向不關心別人是什麼學歷或出身如何，直接和人相處最真實，所以並不知道施董事長沒念多少書。無意中知道後，非常訝異他有那麼好的修養，為人又是那麼實在，顯然「人生歷練，教會了他很多由書本上學不到的處世智慧」。雖學歷不高，做人卻不卑不亢，謹守做人的尊嚴，這些都讓我對他有著深深的感佩。

【推薦序】

成功的生活家

日盛集團總裁
陳國和

我和施董是超乎一般朋友的朋友。

和施董之間，無論是想法、做事理念或個性上的契合度都相當高，他的確是我的良師益友；在我眼中，他不只是成功的企業家，也是有品味的生活家，更是我見過少數人生圓滿度很高的人。

和施董認識來自我們都是多年賓士車的愛用者。大約是二十年前，在一次同時受到車商邀請，一起到德國參觀汽車博物館的旅行中，我和太太有機會與施董夫婦相識，覺得很投緣，特別談得來，返台後便繼續保持連絡，培養出深厚的情誼。

雖然我們各自擁有不同的專業，但做生意的本質是一樣的，特別是施董對真、善、美事物的追求與奉行精神，和我有很多契合之處，而且他做人態度真誠，個性善良又忠厚老實，永遠抱持著「寧可人負我，也不願我負人」的高度自我要求，更令我深感佩服。

長期的接觸，我覺得先天上施董的求學資源不多，其實是上蒼給他的一份禮物。而他憑藉著自身的努力，將劣勢翻轉成優勢，成就自己圓滿的一生。一切由無到有到豐富而飽滿，而且他將至今擁有的一切，一直以惜福且感恩的心情，對自己的努力視為理所當然，一點也不居功。

朋友相交二十多年來，我覺得他有形無形中，都在貫徹《論語》中所說的中庸之道，而且執行得很徹底。我所認識的施董，懂得享受卻不至於奢華或浪費，我曾對施董說過一句俗語：「不怕你有財力，怕你有好的後代。」這是誇獎別人有好的第二代的讚美詞，這句話很適合他。施董的家庭圓滿度很高，他也將小孩教養得很成功，個個謙沖有禮且兄友弟恭，實在非常難得。

施董是很有智慧的人，一甲子的時光過去，經驗及歷練，早讓他成為社會學教育出來的博士了。也是在一次的聚會中，聽到施董對兒子說：「要疼某，但不是怕某。」坐在一旁的我，也許因留日的背景而不自覺有點大男人主義，覺得受教許多，開始懂得對太太更體貼。

在我眼中，不單覺得施董事業的成功值得讚賞，也很欣賞他勇於實踐生活家的角色，在食衣住行上都有很好的生活品質。施董很懂得保養身體，三十多年高爾夫球的運動，讓他擁有健康的身體與一顆常保年輕的心。

施董也是那種懂得欣賞美、追求美感，也樂於分享美好經驗的人。當然美的事物有時也不便宜，但施董懂得賺錢，更懂得花錢，他不會為金錢所役，而能恰如其份的將金錢的價值發揮到極致，同時也達到取悅自己及分享朋友的目的。以美食而言，施董也說過，「吃下來的才是賺到的」。所以每次有好吃的，下次一定會帶好朋友也去嚐嚐。

有時看到施董將工作與生活安排得從容有序，相較之下，發現自己的生活品質的確不佳，需要改善，但因工作型態不同，天天忙著應付股票、期貨、信用卡及基金等業務品項的瞬息萬變，下班後還在上班，想清晨起床的生活型態實在很困難。所以和施董的小白球之約，可能還要再等等了。

記得有一次和太太聊天到半夜，一看時鐘都兩點了，我忍不住和太太說：「該睡了，再過一會兒，施董都要起床了！」太太聽了也哈哈大笑。其實我們都很羨慕施董，可以堅持一件事持續做超過三十年的毅力，我也曾暗自告訴自己要效法施董早起的習慣，雖然目前還做不到，但已將打高爾夫球、走路及爬山，都列為退休後的日常活動，也是效法施董夫婦而來的養生規劃。

很多好友都知道施董一直有緊張的個性，看到施董的成功，我深深的感覺到，確實如莎士比亞曾說過的「個性決定命運」。施董的緊張個性其實是他維持生命的原動力，是他鮮明的特質，無須特別的改變，隨著年紀的增長，他自然會在適當的時機放鬆自己。

我甚至覺得「保持一種緊張的狀態，就是保持青春的原動力」，而且他「永不退休」的想法，就是一種不老的精神，是永保年輕的秘方。他懂得時時保持愉悅感恩的活力與心境，讓一切都在自己的掌握之中。祝福施董！

【推薦序】

一勤天下無難事

台塑企業總管理處總經理
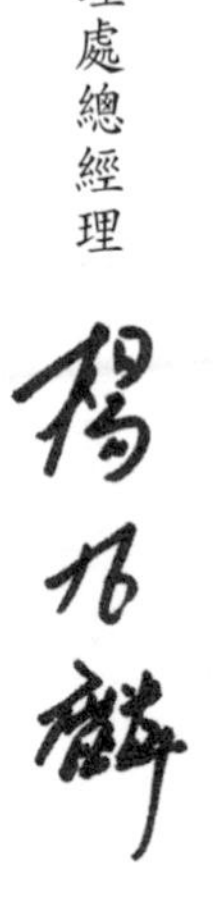

台灣在受日本殖民統治期間，台灣人的工作機會既少又卑微，當時的環境根本談不上有任何的產業或經濟發展，所以台灣人的生活普遍相當貧苦。到了一九四五年台灣光復之後，在日本人留下的各項事業中，經過接收以後，大部分也都轉變成為公營事業，實際上已經沒有任何剩餘的事業可以留給老百姓。但畢竟已經脫離殖民統治時代，所以整個情勢改觀以後，台灣人也才逐漸有自己事業發展的機會和空間。

雖然在日本殖民統治時代，台灣人毫無任何事業發展的機會，但是日本在統治台灣的五十年當中也做了一些事，例如：推動各項基礎建設，也在各地設立農、工、商業等各種職業學校，為台灣日後發展農、工、商業奠下良好的基礎；不過，最重要的莫過於台灣人民普遍擁有打拚、儉樸、應變及強韌的特性，才能從光復後一無所有的困境當中，逐漸發展到今日的經濟榮景，而且也擁有多項產業在國際上名列世界第一的傲人成績。

我在台塑企業服務四十餘年，目睹台塑從一家小公司逐步成長茁壯，到今天已經在全球石化業占有一席之地，以往一直認為大企業是帶動台灣整體經濟發展的力量，但是讀完施董事長的自傳之後，才確實體認到，中小企業才是真正推動台灣經濟發展的原動力。台灣地狹人稠，又缺乏天然資源，經濟發展的先天條件本就不足，然而在這樣不利的自然環境中，幸而當時工資低廉，勞工又具有傳統的勤勞美德，對於發展加工產業形成相當的條件。因此台灣的發展，就是從加工業依賴進口原料加工以後，除了供應內需市場、取代進口之外，由於國內市場狹小，為擴大市場、謀求生存，必須將產品推展到國際市場、賺取外匯，由此慢慢帶動起來，一步一步建立起基礎，進而向上發展出中上游產業。

由此可見，台灣在發展工業的條件樣樣欠缺的情況下，今天能夠創造出令人羡慕的經濟奇蹟，可以說完全是事在人為，依賴人民發揮打拚、刻苦及強韌的特性，克服種種困難而有以致之。換言之，在台灣產業發展的過程中，這些從事加工的眾多中小企業，實際上才是支撐國內中上游大企業發展的重要關鍵。若沒有眾多中小企業發揮台灣人的特性，以台灣既無天然資源，國內市場又狹小的環境下，不但要發展工業不容易，更遑論今天台灣已經建立了許多中上游產業，並在全球占有一席之地。尤其中小企業大多都缺乏資金、人才等各項條件，只有憑藉著無數像施董事長這樣具有台灣人特性的中小企業家，從無到有，將滄海變桑田，才能創造出今天的台灣。

讀完施董事長的自傳，更能深刻體會到台灣人的精神，令人既震撼又感動。施董事長閱歷非常豐富，一生至今都能保持旺盛的鬥志，他的人生歷練，正如台塑企業王永慶創辦人曾說的一句話：「一勤天下無難事」。觀其奮鬥過程，亦宛如一部台灣的發展史，在施董事長的身上，充分展現了台灣人的特質，著實令人敬佩。

我和施董事長認識不過數年，是在球場打球時，由賓士汽車台北代理商黃竹雄董事長介紹認識的。相識時間雖然不長，但在相處當中了解到施董事長出身貧苦家庭，雖未受過高等教育，但他卻無時無刻不在追求進步，不但思維非常細膩，又極為務實，對待朋友有情有義，由他的人格特質可以看出，台灣三花棉製業公司之所以有今日的成就，完全是施董事長的人生哲學充分發揮所致。希望本書出版之後，能夠讓新一代的年輕人了解台灣人真正的特質，繼續學習傳承下去，成為台灣今後持續向上提升的力量。

太晚認識施董事長是我的遺憾，但是能夠認識他是我的榮幸，我以擁有這位朋友為榮！

【推薦序】

向著陽光前進的人

名媒體主持人 鄭弘儀

自從我經濟能力比較許可後，我的襪子都穿三花牌，相信許多朋友和我一樣，深刻記得襪子穿在腳上，其mark就在襪子上緣外面有「SF」字樣，當時售價屬中上，我不知它是本土品牌，以為它是日本製。

第一次認識三花的老闆施純鎰先生，是在我和吳淡如小姐共同主持的三立都會台「黃金七秒半」節目上，他受邀接受我們的訪問，我印象很深，他很純樸、「條直」，一點架子都沒有。

後來因為談得來，他覺得我的出身和他有點像，都是「艱苦」人家出外打拚，因此每月邀我打一次高爾夫球、吃一次飯，自此我對他認識更深，更加佩服。他的人生，如果拍成一部電影，一定很好看。

我們都稱呼王永慶先生為經營之神，而且只有小學畢業，當然台塑王國的規模要比三花棉業大很多很多。創辦三花的施純鎰先生，同樣也小學畢業，受過兩年日式教育，他出生在日治時代，成長在國民黨來台初期，那個算是台灣政治經濟最困頓的時期，以他的背景基礎，不要說開辦企業，連擺攤謀生恐怕都有問題。

也難怪，施純鎰先生個子很嬌小，完全是因為小時候營養不良，他結婚的照片（民國五十幾年）還在，當時體重只有四十三公斤。身材瘦小，但創業精神偉大，勇氣、毅力驚人，才更突顯其間的特別與不易。

家裡窮，不能讀書上學，得幫忙協助家計，於是還不到十歲，（現在同齡的小孩應多在補習、打電動、看卡通吧！）他就開始賣起枝仔冰了。他賣過很多雜貨、擺過地攤、也受過欺凌，但他不但忍下來，還不斷快速學習。

他反應很快，對市場嗅覺靈敏，擺攤零售賺太慢了，於是才十來歲（國中生年齡）就知道找門道開始做批發、當中盤，後來立起大盤的大本營，向全島進軍，那種賺錢的速度，叫人佩服嘖嘖，這證明對市場的敏銳度，有時書本上是學不到的。

Sun Flower英文叫向日葵，音譯叫三花，其實也可意譯為「朝日之花」或「向著太陽的花朵」，橫看、左看、上看、下看，都標誌著希望，人生充滿無限的希望，我想這就是施純鎰先生的人生精神，也是他想向外擴散延伸的意志力量。

就因為這樣，台灣早期的製襪業豈僅幾十家，而三花連前十名都排不上，如今碩果僅存，生命力堅韌，而且欣欣向榮，同業可說只剩三花一家，這也就是本書可貴的內容，因為他將提供答案。

有當過兵的男生在軍中五百公里大行軍時，都會剪破絲襪套在內褲裡，以免腹股溝磨破皮，但人生就那麼一次。但施純鎰不同，這個壯年的男人為了知道產品品質的好壞、舒適與否，常把女生絲襪穿在裡面，外面再穿上長褲，上班一整天，有時連上廁所、睡覺都穿著，一個月穿三十天，這種企業家太少見了，很偏執，就像Intel（英特爾）創辦人安迪・葛洛夫（Andy Grove）所說：

「唯有偏執才能成功。」

照理說，公司都有試穿員，要不，也都僅止於請太太、女兒、親戚、員工試穿，怎會男生自己穿呢？由此可知他對研發、創新的堅定。

台灣俗諺說「吃一行，怨一行」，但施純鎰可不這樣想，他說有一天他死了，他最想做的一件事就是，用車載著他再到工廠巡禮一次，因為三花是他的生命，讓他珍視寶貴。

每位成功的企業家，經營哲學或同或不同，施純鎰曾說過一句話，我把它列為至理名言：「量大、利小、利不小，量小、利大、利不大」，法拉利再貴一年也僅生產六千輛，但豐田不貴，一年卻銷一千多萬輛（甚至不只）。

在我看來，三花的品質和訂價策略比較像凌志（Lexus）汽車，品質高但售價非雙B。

施純鎰先生為了健康，常在凌晨三點出發帶著手電筒打高爾夫球，也因此太太必須在凌晨兩點準備早餐，成功的企業家，背後果然有偉大的女性默默的支持。為何要三點開球呢？因為要省時間，打完進公司才早上七點，恐怖！這叫我做，我也做不到。

算一算，從年輕到現在，在高爾夫球場走過的路（一場十八洞約七公里），施先生說，地球至少繞兩圈了，據我觀察，他體力精神，就像四、五十歲一樣，這和堅持運動不中斷有關。

而且他的兩位公子，施養鴻、施養謙先生，都是年輕人，生活卻非常節制，晚上十一點就寢，早上打球只打九洞（為了健康也為了省時間），時常還倒著走球場，訓練平衡，平時只喝溫白開水，企業家第二代，我很少看到家教這麼好的家庭。

本書是施董事長一生經驗的結晶，也是精華濃縮，是一塊瑰寶，值得細嚼品嚐。值得一提的是，本書的版稅施董事長將全數捐作公益慈善之用，讓買書者除閱卷有益外，更給予社會增添一份溫暖，非常值得尊敬。

【推薦序】

抓住機會就學習的人

全國醫師公會理事長
李明濱

認識施純鎰董事長，是透過前台大醫院李源德教授介紹，而進一步成為好朋友的。

長久以來，施董一直都有情緒緊張的困擾，只是他都不以為意。但長期下來，已經成為一種壓力，一種現代人常出現的焦慮問題。

如此焦慮症狀不看醫生也可以，只是生活品質會變得很不理想，一般人也許會影響到人際關係，在他卻不是如此。在我眼中，施董是個高度自我要求的人，在於他的工作、事業、人際關係、時間管理上，有一種偏執以至於完美的特質，做人有板有眼、守時、講信用、負責任，做事又很「頂真」，做他的朋友真的很幸福，只是期望他不要給自己太大壓力，在他身上，我看到他逐漸放慢腳步、調整生活步調，決心自我改變的勇氣。

站在朋友的立場，我欣賞施董永遠抱持著學習的心，懂得交朋友補自身的不足，特別是跨行跨業的互動交流，各行業的朋友都能成為施董自我學習的後援。

施董常說人的一生都會經歷四個「教育」：就是家庭教育、學校教育、社會教育和自我教育，而影響他最大的是社會教育和自我教育，其中我觀察到影響他最深切的是施董的「自我教育」，他總是「抓住機會就學習」，這是他最鮮明的人格特質，也是我最推崇他的地方。如今他願意出書把四十年經歷和朋友們分享，我想他的奮鬥可以成為許多人生命中的激勵。

【自序】

打拚，就是英雄

施純鎰

我是做襪子「起家」的，如果說「棉製業」是我這一生唯一的「正業」，應該也不為過。從十二歲第一次偷穿父親的一隻襪子開始，到現在擁有屬於自己的「三花棉業」，我在棉製業上的投入最多，也著力最深，對襪子、對棉業的發展一直保持高度關注，六十年來始終如一。

寫這本書，只是希望能透過我的回憶和敘述，將我至今的人生再做一次總回顧，其中有不為人知的辛酸、痛苦的體會、成長的喜悅與成功的滋味……，都將透過一個個人生故事，和讀者分享其中的甘苦。

全書分為「成長經」、「事業經」、「社會經」和「人生經」，主要是希望我的人生在歷經幾個階段的磨難、砥礪後，留下來的是沉澱後的精華，就像經典古籍一樣，都是智慧的結晶。讀者若能從中擷取我的一些想法，即使是吉光片羽、甚至隻字片語，若能對他們的人生產生好的影響，我也就心滿意足。

寫書的過程，就像一段「自我療癒」的過程。透過回憶、記述，過往的點點滴滴就像影片般從眼前一幕幕閃過。我曾向友人透露，我很難在下午以後的時間進行訪談，因為年幼時所遭受到的悲苦傷痛，即使已時隔數十年，至今仍難以撫平，因此總是約在早上或清晨的時間進行訪談，讓我有較多時間可以消化情緒。

現在，書寫完了，感覺自己好像上了一堂「生命」的課，透過文字的呈現，我似乎更了解自己、也更喜歡自己了。過往的片段，也都變得更有意義，不管是商場上的冷暖或起落、從釣魚和打球之中學得的做人做事道理，或者婚前和太太約會看電影的甜蜜時光，都成了我生命中最精采美好的風景。

想到小時候全家八口擠在一間十坪不到的大通鋪裡，吃住都在一個地方，前面還要隔出一個小小店面給父親做零售生意，這樣的日子也過了十幾年。如今，我可以依自己喜好隨心所欲選擇住所的區段、地點或形式，心中真是無限感恩。

從前家裡雖過得清苦窮困，但因大環境也相對單純，大家對物質的要求普遍不高，有點「身在苦中不知苦」或「苦中作樂」的味道，容易滿足，也容易快樂。再加上我從小就不愛念書，因此也沒花多少時間和精神在課業上，小學畢業後就沒再升學，也促成了日後得以早早發跡的因緣。因為起步早，所以比別人有更多成功的機會與學習失敗的經驗，這些都是在學校在課本裡學不到的寶貴資源。

當我三十三歲那年自行創業時，不知情的人還以為我這麼年輕就當老闆，殊不知這時的我早已累積了二十年做生意的經驗。就像王永慶董事長在序裡對我的鼓勵：「……老天給了施純鎰一個極為貧窮的生活環境和備覺艱辛的童年，才造就了一個成功的生意人。」「辛苦的境遇若是無法擺脫，就要當成是一種鍛鍊和自我養成的機會，勇敢去面對。天底下不會有白吃的苦，苦盡自然就會甘來。」真的說到我的心坎裡，讓我非常感動。

李源德說我「挑剔品質，勝於消費者的要求」。他不愧是我的好朋友，真的很了解我。這樣的態度，其實也是我對自我的要求。陳國和也說我「保持一種緊張的狀態，就是保持青春的原動力」，而且，「永不退休的想法，就是一種不老的精神，是永保年輕的祕方！」

讀著好友們對我個性的描述，這些平常不會對我說的話，此時都變得字字鮮明、句句真誠，許多溢美之辭，更令我受之有愧！

每個人的一生都會歷經「家庭教育」、「學校教育」、「社會教育」和「自我教育」四個過程。而我的人生由不圓滿開始，從小就不得父母疼愛、家貧無法繼續升學，因此小學畢業後就出社會開始學做生意，「家庭教育」和「學校教育」對我而言，就像抽象名詞般模糊。所以我的人生，可說全靠「自我教育」與「社會教育」來栽培，養成的時間超過一甲子，遠比博士生的三、五年還來得長上許多，也因為看過許多人成功與失敗的經驗，讓我有更多的時間在錯誤中學習、精進，由做中學、由社會學、由人學，學會努力給自己一個圓滿的人生。

而「社會」，更是一所取之不盡、用之不竭的大學，但也要看你對「自我」的期許有多高、志向有多大。我從小就熱愛做生意，也很早就立定目標要走自己的路。每天除了睡覺的四、五個小時外，其他時間全都在工作。雖然壓力很大，但可以一輩子做生意，是很快樂的事。朋友說我「只要說到做生意，都笑得很開心」，我自己也有這樣的感覺。

人生至此，我覺得自己是幸福的，擁有最高的圓滿度：事業在循序漸進中；家人之間相處和諧融洽；唯一不圓滿的是我個人的抗壓問題。也許，「保留一點點的不圓滿，才是人生最圓滿的事。」

我這一生有太多的幸運。一路走來，感謝所有的人，也感謝充滿艱苦又感恩的人生。「因為吃過苦，所以知道甘甜的滋味。」

感謝老天，給我淬煉自己、提升自己的機會，這種經驗彌足珍貴；感謝曾經給過我磨難的人，他們都是促使我成長、進步的最大動力；感謝所有幫助過我的人，若不是你們適時的協助，我不會有今天的成就；最後更要謝謝我最摯愛的家人及親朋好友，此生能與你們結緣，是我這輩子最大的收穫和最重要最珍貴的禮物。尤其是我的太太，能與你成為結髮夫妻，真的是我三生有幸。

成長經

八歲賣冰棒，十一歲批貨、擺地攤，
十四歲北台灣走透透，
二十歲買店面做頭家……。
認真打拚骨力做，透早到暗暝，
天公疼惜的生意囝仔，
一步一腳印走著創業之路。

楔子

一切的故事，就從兩隻不同顏色的襪子開始。

四十年來，我經常穿著兩隻不同顏色的襪子，每一隻總要試穿上半年，覺得滿意了，才會排定生產，換穿到消費者的腳上。

六十年前一個冬天的清晨，我偷穿了父親的一隻襪子。第一次穿上時，只覺得棉質粗粗軟軟，腳下舒不舒服已不復記憶，但心頭卻是暖烘烘的。當時我並不知道襪子是要成雙穿的，只因為新鮮好奇，穿到學校時臉上寫滿了得意，還特別撩起褲管，展示給同學看：「你看！你看！我有穿襪子！」

在普遍沒有鞋子穿的年代，沒襪子穿也很正常，但我想偷穿父親襪子已經想了很久，也偷偷摸過幾次，那天終於放大膽子穿上它。雖然終究難逃父親的一頓打罵，但終於穿到了，「甘願了！」心頭有一

施純鎰的真心話

【當別的小孩還在學校上課的同時，我已經開始在教室外，學著自己批貨來賣，踏出做生意的第一步。】

種莫名的快樂！

那是民國三十六年年末，我十二歲，生平第一次穿襪子，還是偷穿來的。

然而，就從穿上那一隻襪子開始，埋下我多年後創立了年銷售千萬雙棉襪公司的契機。

充滿挨打記憶的童年

從有記憶開始，我就長得瘦瘦小小，在三男三女的家庭中，怎麼看都不顯眼。不過一副癩痢頭的模樣，在一堆小孩當中，倒是特別突出。不知怎麼的，那時家裡的所有大小事，全都落在我頭上，我一直是家裡最忙碌的小孩。我的嘴巴不甜，反應又慢，「好的沒份，壞的一定算上一筆」，自然得不到父母親關愛的眼神。

小時候的印象，總是和挨打有關。例如：大家一樣吃粥，全家上下就只有我不准盛第二碗。哥哥姐姐問我課業上的問題，我答不出來，要挨打；肚子餓，偷吃東西被發現，還是打。在那個年代，小孩被打是常有的事，對我來說更是家常便飯，所以我一點也不在意，更不曾因此而埋怨父母。

但我挨打的次數實在比其他兄弟姐妹多太多了呀！跟很多人一樣，我甚至曾經懷疑自己到底是不是爸媽親生的。後來聽長輩說才知道，我一出生就交給別人托養，直到三、四歲才送回自己的家，也許因此和父母不夠親近，加上長得一副沒人緣的模樣，才會飽受欺負。

各式各樣挨打挨罵的印象，填滿了我的童年。我好像也默默接受，不會反抗，也不覺得悲傷難過，一切已習慣成自然。對於別人的冷嘲熱諷，我從來也不以為意，全都逆來順受，而且會在內心深處萌生一種「以後一定要拚給你看」的志氣。

因為長得瘦小，外號「矮仔猴」的我，凡事認份，所有想要的都要不到，也不敢表達，全都放在心裡不說。

施純鎰的真心話

找到商品批發盤商這件事，讓我感受到做生意是這麼好玩、有趣的事。這一年，我才十二歲，已經嗅出生意競爭的趣味，更熱中嘗試。

記得是十歲左右吧！我常和弟弟跟著母親一起擺地攤。當時我們都是用報紙往地上一鋪，放上父親加工做的牙刷、批來的各式小鈕扣和鬆緊帶等雜貨，就開始做生意了。在看攤子的空檔，偶爾會有賣「麵茶」的流動攤販經過，即使我們擺地攤的收入很少，母親還是會買一份給弟弟吃，而我卻只有在一旁流口水的份，一次也沒吃過。會覺得委屈嗎？也許吧！不過久了，自然也就習慣了。

短暫且無趣的學校生活

我的出生地在台北市延平北路二段。而家裡一直到我二十歲左右，才有能力買下一間隱沒在巷底的房子，之前都一直借住在親戚的家，也換過好幾個住處，包括靠近長安西路的華陰街、南京西路等等，大致不出圓環及後火車站一帶。

上小學時，常常一天只吃一餐。每天早上，我用包袱巾把課本捲起來，斜背在背上，打著赤腳、空著肚子，走碎石子路上學去。每天雖然都有乖乖的到學校上課，但是肚子空空、腦袋也空空，上課內容聽不懂，也無法進入狀況，可說對讀書一點興趣也沒有。

尤其母親的身體一直都不好，清晨四點，當別人都還裹在暖暖的被窩裡時，年僅六、七歲的我，卻已早早起床，在昏暗的月色與微亮的天光開始一天的工作：先劈柴，再生火，燒的是那種像黑炭的煤球，準備幫母親煎水藥。當時還沒有易燃的火種可以助燃，都得先用劈得細細的木柴點火，等火燒起來再放上煤球，因為很不容易點燃，每次等火升好時我已經變成黑炭臉，衣服也搞得髒兮兮的。但我沒空理會這些，而是熟練的將中藥倒入瓦罐中，注入兩碗水，等煎到八分滿時，再倒給母親喝，然後再趕緊走路上學。

每天上課，望著窗外的時間比看著黑板的時間還要多，在課堂上，我的腦袋總是想東想西，就是從不想課本內容。當時學校是日文教學，在無心上課又聽不懂的惡性循環下，我的功課始終好不了，心裡老想著趕快下課，「還是賣冰棒比較好玩！」

施純鎰的真心話

十三歲時，我決定將販賣內容，由牙刷類換成手帕、毛巾及襪子等商品，不但好兜售，利潤也不錯，花同樣的時間，當然要找獲利較高的商品。

放學後一回到家，我草草吃完一天唯一的一餐番薯簽飯，就背著木製的冰桶去賣冰棒，一直到晚上十點多才回家，卻一點也不覺得苦。隔天又是四點起床。我的體力和睡眠的習慣，就是從小這麼鍛鍊出來的。

上課對我的壓力不少，但更大的壓力卻是來自於同學們。日據時代延平北路二段是商業的繁華地段，附近中西藥行、銀行、醫院及百貨行群聚，是富裕階級居住的區段，所以我念太平國小的同學們，大都是有錢人家的小孩，我家大概是極少數住在富人區中的貧窮家庭。

窮人住在有錢人住的地區其實很辛苦。當時我家是借住親戚家房子的一角，在南京西路上的一棟樓房，親戚家住在樓上，樓下二十多坪則分住了三戶人家，我家是其中一戶。一家八口擠在一間大通鋪，前面一處小小的店面，是父親做牙刷加工與零賣牙刷的地方。每天，我從這裡走四十分鐘的路程到學校去，是當時少數沒鞋子穿，天天打赤腳走路上學的學生之一。

四分之一片滷蛋的雀躍

二次大戰結束前的兩、三年，物資匱乏，大家普遍都窮，我們家更窮。家中食指浩繁，賺來的連填飽肚子都不夠，加上三天兩頭跑空襲，做生意也常會被打斷。有時空襲一來，一等就是兩、三天，曾有足足兩年的時間，我們為了躲空襲，全家乾脆住到二重埔的鄉下去。那段日子全靠父親偶爾出去賣牙刷的微薄收入維持生計，或者由母親拿著牙刷到更鄉下的地方，跟農家換油、米及野菜，維持基本的生活所需。

小學念了兩年，台灣光復了。學校由原來的日式教育改為國語教學，日文都還沒學會，就要改念國語，一時之間無法調適，相同的是我一樣沒什麼興趣。而戰後百廢待舉，所有一切正待重新開始。但無論世局如何改變，家裡的窮卻始終沒變，當時給小孩受教育不是第一

施純鎰的真心話

我不是一個只會滿足於現狀，腦筋一成不變的人。我有更大的信心，想嘗試比零售買賣更有挑戰性的小盤商生意。

要務，填飽一家八口的肚子，遠比念書要重要許多。

說到填飽肚子，我小時候幾乎從未有過「吃飽飯」的經驗，但記憶中一次最開心的事就和帶便當有關。有天中午，我的便當盒裡竟莫名其妙出現了四分之一顆滷蛋的蛋白，之前一直都只有菜脯或黃豆，一小片滷蛋對當時的我是多大的獎賞啊！我簡直樂翻了！至今都還記得當時那種興奮、喜悅的感覺。

八歲賣冰，初嚐做生意的快樂

前面提到我小時候對讀書上課沒興趣，反而對下課賣冰棒卻興致勃勃，那一年，我才八歲，已經開始負擔部分家計了。當時賣的冰棒是裝在木箱裡的。可是木箱卻不能保溫，好在融掉的冰棒還可以退錢。雖然如此，賺的還是不多，但可以站在街上四處走走，看著人來人往，心裡反而有一種說不出來的自由。賺到的錢全部交給母親，也會有一種莫名的快樂。比起回到家動不動就挨打或挨罵，我更享受在外面做生意時那種自由自在的氣氛。

可能是自己膽子太小，看到人群靠近，也不敢大聲叫賣，一句話老是含在嘴裡，所以常有人笑我：「你不是在賣冰棒嗎？也不喊出聲！誰知道你在賣冰啊！」

到了冬天，冰棒賣不掉，我便自動改賣起俗稱「馬花炸」的雙胞胎及「鹹光餅」。因為沒告訴家人，有次因為木箱上沾了鹹光餅上的芝麻，讓母親誤以為我將賣冰棒的錢偷拿去買東西吃，為此又是一陣打罵，當時我也傻傻的，不知道要解釋。

大概是十歲左右，我已經跟在母親身旁學做生意了，學校的課還是有一搭沒一搭的上，感覺好像只是盡義務。我一直覺得下課後的活動比較有趣，所以從來不覺得自己賣冰棒或跟在母親旁邊幫忙是辛苦的。

母親跟我做的是流動式攤販，就是現在的地攤，賣的是「雜貨」，像鬆緊帶、鈕扣及牙刷類的日常用品，生意雖清淡，卻也不無

施純鎰的真心話

民國三十九年，我用僅存的一百五十元當做資本，弄來一輛破舊的腳踏車到處招攬生意。這一小步，代表我的世界將大幅度的向前邁進。

小補。我雖然不是老大，但已開始賺錢，希望能幫忙減輕家裡的負擔，到十歲時，我做生意的資歷已經三年了。

台灣光復，一陣混亂期過後，我竟也糊里糊塗地升上了四年級。上課對我而言，同樣是有聽沒有懂，功課永遠跟不上，每天到學校，就是等放學。上課對我是很大的負擔，一點都不好玩，尤其中午用餐時間，我常沒帶便當，只能靜靜的看別人吃，自己暗暗流口水，如果哪天有便當可帶，就是一盒煮黃豆或番薯簽便當，偶爾有一點米飯和菜脯點綴，如此而已。

當時很多吃的經驗，對我來說都是第一次嘗試，例如：吃口香糖。有段時間很流行吃泡泡糖。某次我跟同學商量，等他吃完不要時，再吐出來讓我玩。我很小心的將泡泡糖包起來，趁回家路上沒人看時，偷偷拿出來往嘴巴一塞，嚼了起來，雖然已經沒味道了，還是覺得好吃得不得了，我終於吃過口香糖了。

十一歲，批貨、擺地攤樣樣來

跟著母親做生意一年之後，平日話不多的我，凡事都是看著學。十一歲時，已經能夠自己做生意，獨立看顧一個攤子，賺的錢還是全交給爸媽。「生意子」的本質，也隨著越來越熟悉的買賣，漸漸的萌芽了，當別的小孩還乖乖的用包袱巾背著課本上學的同時，我已經學著自己批貨來賣，踏出做生意的第一步。對於不懂或好奇的事，我總是先靜靜觀察別人的一舉一動，看懂了，覺得有把握時再出手。

當時賣雜貨的都是流動式的地攤，不過是用包袱巾包著貨背著走，走到哪擺到哪。看到人多熱鬧的地方，將報紙往地上一鋪，各式雜貨攤在報紙上，便開始做起買賣了。那時比較好的攤販，是用斜背或可單肩背的大箱子沿街叫賣；再更好的，則是在腳踏車後座架上固定的箱子，直接打開箱子就能買賣，賣的範圍又可以更大。

我每天都由住家開始往四處游走，朝人多的地方移動，到處試買

施純鎰的真心話

漸漸的我才了解，既然是小盤商的角色，主要的客群應該是大街小巷中的「柑仔店」。

氣。有一天正巧走到長安西路，看到路邊有個攤子在賣牙刷，心想也許可以試著向他批貨看看。憨直的我很緊張，壯了膽開口問對方可否跟他批貨來賣，對方說可以，但是不能在這附近賣。我說沒問題，老闆便以一支七角的價錢批給我，我走到稍遠的市政府附近兜售，可以賣一塊錢，利潤相當不錯。第一次成功的批貨經驗，讓我對做生意很有信心。

天天到不同的地方打轉，我的腦筋卻沒停下來過，雖還不懂門路，但我看得仔細、聽得認真。不到幾個月，便漸漸熟悉販賣的圈子，消息管道也越來越多。

獨立賣雜貨三、四個月後，我已找到一家叫「明美行」的中盤商，學著跟店裡批貨，一支牙刷成本才四角錢，賣價也是一塊錢，利潤更高了。

找到商品批發盤商這件事，讓我感受到做生意是這麼好玩、有趣的事。這一年，我才十二歲，已經嗅出生意競爭的趣味，更熱中嘗試。

小時候常聽大人說「囝仔人，有耳無嘴」。我很懂得多聽人家的話，然後自己想，或看別人的例子印證有沒有道理。可能是因為家裡一直從事買賣的背景，常聽到親戚們提到「農不如工，工不如商」的觀念，所以我始終認定眾多行業中，做生意最有「錢」途。我真希望可以早一點畢業，全心投入做買賣。當時不升學或無法升學的到處都是，尤其在普遍貧窮的年代，不再繼續升學不是什麼困難的決定，可以溫飽一家人才是最重要的事。

被操得最多，被照顧得最少

十一、二歲時，我們又搬家了，這次住的是「阿姑」的房子。「阿姑」的家是三、四層高的大樓房，我們住的是緊臨大樓房旁邊的日式矮宿舍。

這段期間我總是被母親指派去擦地板。有一次，「阿姑」從三樓

施純鎰的真心話

將看似不太熱門而有一定銷售量的商品，經營成自己的特色，終究會變成別人搶也搶不走的利基。

的窗戶看到我在擦地板。當時男生擦地板是很難為情的事，所以之後我擦地板時，都會特別留意不要被別人看到。

「阿姑」很清楚我是家中永遠都有事做的小孩，有時看得不忍心，還會出面替我說話，但也始終毫無作用，每次我受了委屈，只能跑到日式庭院裡偷偷的哭，發洩一下情緒。

有一次姑丈告訴我，隔壁賣內衣的店面需要店員，問我想不想去學點經驗？結果母親不同意，只好作罷。因為家裡不時要我機動性的幫忙做雜役，像劈柴、升爐火或打掃等工作，擺地攤的事都是利用空檔才去做的。不過我真的喜歡到外面擺地攤做買賣，可以到處觀摩，比起待在家裡要好玩、有意思得多。

放牛吃草，做生意的頭腦醒了

戰後物資雖不充裕，但購買力卻持續上升，民生用品的需求量大增，人力需求殷切。那是一個只要肯努力，就不怕沒工作的年代；整個社會充滿了勤奮打拚的活力。做買賣生意雖然靈活、自主性又高，但也不是每個人都合適，我自認是比較幸運的，向來對數字敏感的我，也逐漸在買賣中發現做生意的潛能，越做越有心得。

所以這個時候的我，除了看好自己的攤子，更好奇別人都在賣些什麼？利潤高不高？生意好不好？因為由銷售好壞就可知市場的需求，清楚消費者想要什麼、喜歡什麼。原來各式各樣的產品，都有不同的銷售差異。了解商品的回轉率，最簡單的想法就是：思考一支牙刷可以用幾個月？襪子、手帕等日用品，少說也要有兩、三份替換著用，尤其像當年襪子的品質並不理想，穿五、六次就破，需求量及汰換率都比牙刷高得多。

我開始想嘗試之前沒有賣過的雜貨，試試和母親賣不一樣的商品。父母親也不管我，只要天天有現金給他們，其他的全讓我自己做主，這反而給了我難得的空間。一直打赤腳的我，這時還是黑黑乾乾瘦瘦的模樣，沒有一件像樣的衣服可穿，卻常常留意別人都穿些什

施純鎰的真心話

我如果一大清早四點半出門，就能找到清晨開門做生意的店面，九點左右就跑了十多家店，把很多訂單都搶先一步拿走了。

麼、喜歡什麼。

當時重慶北路一帶是相當繁華的鬧區，最時髦最活絡的商品都會出現在這裡，所以我常常到重慶北路觀察商品買賣動態，好比現在的市場調查一般。我注意到日常用品的大宗，像手帕、毛巾、棉襪及內衣或布鞋類的銷售量都不小，也都比自己的雜貨好賣，利潤也比較高，便越來越想嘗試看看。多樣商品比較的結果，手帕和襪子最輕，最方便到處兜售買賣，而且當時人人都用手帕，和現代人用面紙的情形是一樣的。

十三歲時，我決定將販賣內容，由牙刷類換成手帕、毛巾及襪子等商品，不但好兜售，利潤也不錯，花同樣的時間，當然要找獲利較高的商品。一改變商品品項，我批發商品及零售的量及次數都越來越多，錢也越賺越多，光零售好像已經不能滿足我了。不到一年，我又想做銷售量更大的生意了。

原來，我有更大的野心是自己不知道的。我是那種看了會想、會做、會想嘗試，而不是只會滿足於現狀，腦筋一成不變的人。我有更大的信心，想嘗試比零售買賣更大，更有挑戰性的小盤商生意。

十四歲，征戰批發市場

民國三十九年，我用僅存的一百五十元當做資本，開始了我小小的、個人的生意。我弄來一輛破舊的腳踏車，用包袱巾包著幾打批發來的襪子及手帕，準備載著到處招攬生意。踩上腳踏車，離開走路可以到達的地方，我把做生意的範圍，變得更大也更廣了。這小小的一步，代表我的世界將大幅度的向前邁進。套句現在的話說，我已懂得掌握「通路」的事實，開始開發屬於自己的通路。

為了推銷生意，我開始打點自己門面，生平第一次穿上鞋子，那是一雙「雙標」牌的中國製布鞋。

為什麼我會選擇襪子和手帕做為主打商品，主因是這兩樣是當時

施純鎰的真心話

我將每星期三空下來，進行一周的檢討與盤點。藉著整理，清楚地了解有多少庫存，才不會囤積資金，把庫存的回轉率周期控制得越短越好。

民生用品中的大宗商品，而且重量輕，對瘦小的我來說較容易搬運，也方便載著到處推銷。

一開始，我幾乎整天騎著腳踏車，在中山北路及長安西路一帶繞，那裡是消費者群聚逛街的地方。現在回想起來，實在不曉得當時是如何攬到生意的，大概就是「勤快」和「老實」這兩點感動店家的吧！

那時我已經十四歲了，還是一副營養不良，個頭瘦小不稱頭的模樣，每當要進店門前，總是緊張得要命，整個手心都是汗，硬著頭皮走進人家店裡，只敢小聲問一句：「有需要批襪子或是手帕嗎？」一聽到「不用啦！」便馬上轉頭，連句「謝謝」也不會說。一天總要進四十多家的店面，每次都一樣緊張。

也許就是這樣的傻勁，讓店家願意讓我試試，當然我也沒辜負老天給的機會，努力的一點一滴累積出實力。

漸漸的我才了解，既然是小盤商的角色，招攬生意的目標，就應

▶年輕時期的施純鎰，以拜訪顧客、勤跑業務為樂。

該是大街小巷中的「柑仔店」。因此開始將腳程大幅度的伸展到林森北路、中山北路、重慶北路及萬華一帶的巷裡。三、四個月後，很多小規模的店面就都願意批我的貨了。

清晨跑到深夜，哪家最早開店都知道

過沒多久，批發的數量持續增加，我的膽子和野心也變大了，開始在腳踏車的後座放一個大大的四角型竹籠，裡面堆滿一打打的襪子和手帕，天天騎著出去兜售。我賣力的踩著，風雨無阻，「透早到暗暝，全年無休」。那時，哪一家最早開店，我都知道。

也因為小小年紀開始做生意，雖有銳利的生意眼光，但礙於生性害羞，一切都由摸索開始，從不斷被拒絕的經驗中，逐漸悟得招攬生意的竅門。

批發式的小盤商生意，的確比擺地攤時要好賺許多，量大，利潤也比零售時多十倍以上，這時距離做零售買賣，不過才一年的時間。

施純鎰的真心話

能買到別人買不到的原料，一部分是來自人脈的累積；另一部分是正確的訊息來源及獨到的眼光。

不過是十四歲，我已經有把握獨立做批發生意了。畢竟由八歲賣冰開始，又不時跟在母親身邊學做買賣，加上自己擺過地攤，都累積不少實戰經驗。幾年下來，我很清楚零售生意的利潤有限，轉進中小盤商可賺取更可觀的利潤，我自認已掌握到做買賣的訣竅，自然選擇一進一出、獲利大的經營模式。

剛開始騎腳踏車跑業務時，我為自己規劃了幾條路線，天天按計畫巡迴著繞。包括由忠孝東路經林森北路轉到中崙最後到松山；由中山北路經晴光市場到士林；由萬華經東園到板橋；由天水路經中華路到延平北路三段，這些路線沿路都有很多的百貨店，都是爭取業務的重鎮。其他像新莊、中和、永和及台北市南昌街一帶，也都有一定的業務量。

這時，我已經知道要批台北市的商品到台北縣去賣，利用縣市商品的差異性，容易推銷競爭又少，從中賺取利潤。單單憑著一股衝勁，天天馬不停蹄，卻一點也不覺得辛苦。只要一騎上車，就好比脫韁野馬般，快意馳騁在無邊無際的商場上，得到的回饋又是豐碩的利潤，「做生意實在太有趣了。」我心想。

雖然商機處處，但也不是人人做得來的，首先腳力就是一大考驗。有時為了爭取時間衝銷售量，我會從台北市載貨，一路騎車到北投兜售，一天來回也甘之如飴，重要的是，我也因此一步一腳印的累積出我經營通路的基礎。

一開始，我都是到三重埔批手帕及襪子等商品，漸漸的由同行中知道，在北投可以批到更低的價格。於是我的腳程由走透透的市區，開始大幅度的往郊區移動。而到北投批貨也成了我人生中最快樂的回憶之一。

每次到位於北投的襪廠批貨，老闆娘都會親切的煮碗切仔麵請我吃。簡單的一碗麵，吃在嘴裡，有一種被「疼惜」的幸福感，心頭有如一股暖流流過，之後就更愛到北投批貨了。

當我的生意範圍越來越大，貨又多到自己無法承載時，批發型態

施純鎰的真心話

當別人還在用尼龍材質時，我已開始率先採用不同的原料，創新之餘也與競爭者做一區隔。

便改由到大盤商處轉一下叫貨，更忙時則以電話訂貨，北投的襪廠就會按訂單裝箱寄火車送貨，等貨運到後火車站時，我再到車站領貨。

當時批發的襪品，多以咖啡色的婦女襪及膚色的長統女襪為主，最旺的銷售季節在冬季。夏天的銷售大宗是手帕，偶爾也會兼著批發學生襪。當時我已懂得要在夏天批冬天的襪品囤積著，等冬天一來，襪子需求量爆增時，我就可以充足的貨源及時供貨。我知道商品區隔的重要性，將看似不太熱門而有一定銷售量的商品，經營成自己的特色，而形成別人搶也搶不走的利基。

租店面，站穩批發百貨市場

大約民國四十二年時，父親租了一間五坪左右的店面，開始販售肥皂、襪子、牙刷、明星花露水及毛巾等日常雜貨。這時家裡的經濟狀況已經好轉，但勤儉的家風還是沒變。

因為有自己的店面了，我跟父親商量，不妨將店面再擴大些，招

▶四十多年前，以50萬元買下太原路第一家店面。

牌再換大一點，改成做批發的「新同源百貨批發」店名，批發兼零售一起來。父親照樣看店，而我有據點可以讓客戶來訂貨或取貨。我照樣天天在外面跑業務，拿樣品給客戶看，讓客戶下訂單，然後送貨。當時我批發的商品，已經不只有襪子及手帕，而是涵蓋各式百貨民生用品。每天的工作，都是在開發新客戶及繞道至舊客戶處拿訂單中打轉，幾乎天天都有新訂單，隨時處於補貨出貨的經營模式。

提到做生意的訣竅，其實有時慷慨一點，往往都有加乘的效果。我很勤跑業務，出手又大方，平常出門一定隨身帶一、兩打襪子，遇到客戶就遞出襪子當做樣品，方便客戶挑選花樣或供做下次訂貨參考，更常是送給客戶試穿。結果常常是送出一雙，對方就訂了一、兩打，非常划得來。

當時已經戰後七、八年了，生活越來越穩定，民生必需品的需求量不斷提高，小孩的人口數也不斷增加，我的業務持續在擴大當中，商品的品項也已超過上百種，算是真正的百貨批發業，家裡零售兼批

施純鎰的真心話

零售時發現小批發賺的多；做小批發時又知道中盤批發更有賺頭；當中盤時，又發現找原料請人代工更為划算；再從請人代工中瞭解到往最上游的工廠發展，更具潛力及未來性。

發的店面，正是最好的市調中心。天天在批發市場上打轉，我很清楚大宗貨品及回轉率高的貨品間的利潤差異，自動的選擇受歡迎的品項，來增加銷售量及利潤。

一、兩年過後，百貨批發的業務量已經大到需要請專人送貨的規模了，營業額不斷創新高，而我還是一樣做開發業務的工作。

體重輕，帶鉛上場考駕照

從十四歲開始做生意以來，我就全年無休。天天清晨四點半起早出門工作，回到家都是十點以後的事了。所以我在二十歲時，已經有能力在後火車站附近的巷子裡，以七萬元買下一間十五坪大的二層樓房，當做住家及置貨的倉庫用。

這個階段的我，已是個熟知做生意竅門的超級業務員。業務一直都很順利，天天奔波也樂此不疲，屬於舊台北發展的黃金繁華地帶，到處都有我騎腳踏車經過的痕跡。民國四十一年，我花五百元買了

▶要價不斐的「偉士牌」摩托車，在當時可說是最「拉風」的代步工具。

一台全新的「伍順牌」腳踏車。當時一個工人的月薪才不過一百六十元，五百元真的不是一筆小數目，但腳踏車是我當時「吃飯的傢伙」，而且「工欲善其事，必先利其器」，錢要嘛就要花在刀口上，所以這五百元我花得一點也不心疼。

隨著生意越做越大，為了業務方便，腳踏車終於換成摩托車了，那是我人生中的第一輛摩托車，花了我兩千元買來的，雖是二手車，對我來說卻意義深重。為了騎它，考駕照時還發生了一段小插曲。因為對我而言，難的不是騎車的技術，而是體重不足的問題。按規定，體重不足不能考駕照，但摩托車是我業務上最重要的交通工具，非考過不可。第一次沒考過是因為身上夾帶重鉛被發現，第二次應考時，因為沒被識破而順利取得駕照。一直到三十歲結婚時，我的體重也才只有四十四公斤，幾乎一輩子都沒有胖過。小時候沒得吃，也吃得不好；等到有機會好好吃的時候，我又極不重視，整天忙著工作，除了「對用腦最有興趣」及「如何做生意」的話題外，其他的一點也不在

施純鎰的真心話

好賣的商品常是一時的消費風潮，一季的好光景過後，可能就會乏人問津。

乎。

考取駕照後，我做生意的馬力更強了，可以拓展業務的路線更寬、更遠了。不管晴天雨天，不論逢年過節，從來捨不得休息，都在為跑業務而奔走。

民國四十四年左右，我的業務範圍早已從台北市區與市郊，拓展到更遠的汐止、基隆、板橋及樹林等地。到四十七年時，就開始用二手裕隆車當貨車幫忙送貨。

我的個性閒不住，也靜不下來，待在家裡，更是一刻也坐不住，只有工作的時候最自在。所以我為家裡買了房子後，自己還是住在租來的店裡面，每天晚上睡在一塊木板上，白天打成桌面，擺放各式各樣的商品，到了晚上卸下商品，鋪在地上就是一張床了。當時的衛生環境比較差，也沒有蚊香，睡覺時都要掛蚊帳，但還是被蚊子叮得滿頭包，卻一點也不以為苦。睡在店裡一方面可以防小偷，另一方面也方便隔天一早出門送貨，如此一睡十多年，從不覺得委屈或有不便。

▶新同源百貨商行特製的包袱巾，是當時贈與零售店的年節謝禮。

雖然買了房子，也有簡單的浴室，但沒有浴缸，只能淋浴，所以我還是習慣到澡堂洗澡，大概一星期去一次，一次花個幾塊錢，空間大，可以洗得舒舒服服的，這可是我當時生活中最大的享受。

是生意子，也是天公仔子

大家一定很難相信，以前的店老闆，都是天一亮就開始開店做生意。我如果一大清早四點半出門，就能找到清晨開門做生意的店面，大概九點左右就已經跑了十多家店，早就把很多訂單都搶先一步拿走了。而且，市面上需求什麼、流行什麼我都一清二楚，也隨時可以提供店家最新的商品訊息，甚至建議鋪貨量。因為勤快、眼光精準、消息又靈通，很多店家自然喜歡訂我的貨，跟我做生意。

天天衝業務，總有體力不濟的時候，有時實在太累，常常腳踏車或摩托車騎著騎著就打起瞌睡來了，有時還會騎到跌倒。

施純鎰的真心話

真正受歡迎的長銷商品，永遠都有固定的銷售量，短時間內也許不見爆發力，長久下來卻能綿延持續，成為市場上的長青樹。

二十幾歲的某個雨天裡，我同樣風雨無阻的一邊推銷生意，一邊送貨。當車子騎到忠孝西路與中山南路的圓環時，天邊一道閃電正以迅雷不及掩耳之勢轟然而降，朝著我直擊而來。眼看著閃電就要從我頭上直劈而下，我邊騎心裡邊想著：「完了！這次真的完了！一定來不及閃開了！」

接下來所發生的一切，實在令人無法置信，那道閃電好巧不巧的竟剛好打在我腰部的皮帶上！而且所有電力就在那一瞬間完全消失！說是「皮」帶，當然不是真皮，只是塑膠製品，不導電，我才能幸運的逃過一劫！

驚魂未定的我，還是不忘扶起倒在地上的摩托車、收拾好攤了一地的貨，照原定計畫騎車趕往下一站。「天公疼憨人，憨人有憨膽、有憨福」，大概就是指我這種人吧！

▶三花棉業第一個廠，隨著業務量增加從原先的平房陸續往上搭建。

3365是我的幸運號碼

五十幾年前的台灣，電話仍是奢侈品，一般家庭大多尚未裝設。因為家裡做的是批發業務，比一般家庭更需要用到電話，但那時也還沒有裝設，總是跟附近一家專賣黑油的油行借著用。那時的店面都是木板隔間，如果有電話來，用喊的，幾間店面的距離也可以聽到。我到現在還記得那時的電話號碼「3365」，這組數字就像是我的幸運號碼。每次一想起這組號碼，自然就浮現出我做生意的過往回憶，提醒我曾經努力過的生命軌跡。

隨著經濟情況的好轉，許多店面也因店租的節節高漲而不斷更換地點，我家也不例外，在太原路的批發店面，幾年內也換了五、六家。當時因市場活絡，承租或換租都很容易。

直到民國五十年，我以五十萬元在太原路買下第一個店面。隔兩年又在附近買下另一間一百萬元的店面。多年來我做業務所賺的錢，全數交給父親掌管，並不納入我私人的存款。能以賺來的錢為家裡置

施純鎰的真心話

如果產品的製造門檻太低就容易被模仿，即使取得一時的領先地位，市占率也無法持久。

產，也是當年奮鬥的目標，心裡一直潛藏著想趕快擺脫寄人籬下的陰影，所以一旦有能力，購屋就成了我為家裡盡一份心力的具體表現。

買了店面之後，家裡也有了屬於自己的電話，叫貨批貨更方便了，可以賣的貨品種類更多了，我也變得越來越忙。這時，我已經不需要自己去批貨和叫貨，各種品項的批發商自然會找上門來託售或批發。

經營百貨批發品項，最能凸顯我做生意的靈活度。屬於大宗商品的用品，毛利雖然不高，卻不能不賣，但我一定會從中選出有信用又有利潤的品項來賣，絕不會任人推銷而盲目訂貨。

工作再忙，我也會將每個星期三的日子空下來，留在店裡及住家的倉庫，進行一周來的檢討與盤點。根據每一週各類貨物的銷售量，我很清楚哪些貨一週可以賣掉多少、應補多少，又該補哪些貨，所以每週以一天的時間統一處理叫貨、送貨及整理庫存品。這麼做一方面是我個性使然，見不得亂；另一方面也可藉著整理，完全清楚自己有

施純鎰與夫人黃純子結婚照，兩人至今結縭四十餘載。

多少庫存，才不會囤積資金，把庫存的回轉率周期控制得越短越好。

除此之外，我從外面接回來的訂單，也統一在這天處理進貨及送貨事宜。而該到南部訂貨的，像是尿布或是梳子之類的，則寫明信片到南部下訂單，兩天後就可以收到貨物。因此，想找我的人都知道「星期三來準沒錯」，否則在那個通訊尚不發達的年代，一撲空，只好再跑一趟了。一直到我自己開工廠，仍然保持著隨時將工廠整理到即使有庫存，也一目了然的程度，因為完全清楚自己的存貨，等於知道工廠的產銷狀況及生意籌碼。

也許是我個性的關係吧！我常會注意到很多人也難以做到的細微處，也才得以穩紮穩打的撐起自己的事業版圖。

「牽手」是打拚事業的動力

二十八歲的我，生意越做越大，正值人生一帆風順的時候，滿腦子想的都是和業務相關的事，還幫家裡買了兩棟樓房，出入都以速克

施純鎰的真心話

我有一種觀念：別人做不出來的，我更要做。

達代步，這在當時都是很炫、很拉風的配備，雖然身材還是跟小時候一樣又黑又瘦，個子也不高，但對穿著卻相當講究。不過我給人的最佳印象還是那「異常打拚」的刻苦精神，每天從清晨工作到半夜，一年三百六十五天天天不打烊，在鄰里間的風評極佳，像「台塑股票那樣的可靠」。

三十歲了，還是「羅漢腳」一個，但其實我的「行情」是很不錯的，很多長輩都很喜歡我，我是他們眼中的績優股，只是忙得沒時間找對象，還有自己也想娶漂亮的太太，所以才會這麼一路耽擱下來。

不過，人生就是如此奇妙，當遇到自己喜歡的人的時候，就一定會知道。

我家在太原路早有一家批發店面，太太的大哥，在我家的正對面也開了一家店，天天開店做生意，誰進誰出都看在眼裡。結婚前，太太一直在「三信」上班，只有假日才會到她大哥家玩，順便帶侄子們到處走走或是看電影。偶然的機會見到她，覺得她長得很漂亮，又知

與施夫人於日月潭渡蜜月合影。

道她很乖巧，對她印象一直很好。

所以在眾多相親的機會中，我唯獨跟母親提過對那女孩印象很好，母親一聽，趕緊向太太的大嫂提出了婚事。就在對方大哥的全力支持與雙方家長都有共識的情況下，我們開始「約會」，一個月最多看一場電影。那時我根本無心於電影，滿腦子想的還是工作，但是當太太坐在摩托車後座輕輕靠著我時，我就會有一種心動的感覺，覺得這輩子就是她了。

民國五十四年，我們結婚了。提到太太，我覺得自己很幸運，還有些驕傲。她比我漂亮十倍，小我九歲，有高中的學歷，又在銀行上班，這麼好的條件，卻願意嫁給我，讓我直覺備受幸運之神庇祐，感到特別的幸福。尤其我母親是「舊時代的嚴厲婆婆」，她嫁給我的前幾年真的很辛苦，而也只有她才耐得住，換做別人，婆媳之間肯定無法和睦相處，也可能就沒有今天的我了。

婚前，我除了跟太太，幾乎沒跟其他女孩交往過。至今，我的手

施純鎰的真心話

找別人找不到的原料，創造產品的獨特性，才能寡占所有的利基。

上還戴著那只鑲著結婚照的手錶，代表兩人一路扶持相偕一生的承諾。有了她的支持，我的打拚人生，才有了最大的力量與意義。

只愁沒貨源，不愁沒人買的年代

說實在的，在台灣經濟發展的脈絡中，因為有像我這樣的中盤商穿梭在大街小巷，才能串起台灣商業的網絡。有人成功站了起來，也有人失敗倒了下去，但在這商業活動的消長中，也確確實實撐起了台灣經濟的奇蹟。

四〇年代中期，一般人的生活已逐漸由物資缺乏走向消費力大幅攀升的狀態，最直接的反應是在民生用品上。

此刻的台灣也正處在內、外銷需求都最暢旺的年代，對原料及成品的需求，永遠都嫌不夠，紡織業尤其火紅。不只內需市場需求量大，剛起步的外銷市場需求量更是不遑多讓，這對台灣經濟起飛更起著帶頭作用。內需和外銷都在搶原料、搶更新的材質，甚至有了原料之後，還要苦惱於生產線永遠趕不上客戶需求的速度與產量。當時的台北後火車站是台北縣市民生用品的大批發區，只要想得到的民生用品，在這裡都找得到。很多做買賣的，只要有貨，就不怕賣不掉！

大約民國四十六年，台灣紡織業正值蓬勃發展的年代，新出現的尼龍材質更是獨享榮寵。在此之前，棉紗類襪子比較硬，人造絲的又容易破，一雙襪子只要穿上一、兩次就報銷了，好一點的穿個五、六次也破了，所以才有補襪子及雨傘的攤子，這在當時也是熱門行業。

尼龍沒有棉織品易破或人造絲纖維易斷的問題，相對的柔軟而有彈性，一推出就大受歡迎，買氣特別旺。那時還沒有中盤商或零售商，常常眼看著生意就在那裡，卻偏偏批不到貨，還有就是不論工廠再怎麼沒日沒夜的趕工，依然供不應求。以襪子為例，當時最流行的是及膝中統襪及到大腿的長統襪，但就是批不到貨啊！

這樣下去也不是辦法，於是新的念頭又在我腦海中逐漸成形了。

施純鎰的真心話

我苦思突破生產困境的策略，也就是現在所謂的「市場區隔」。在別人忽略的地方，我更花心思經營。

自己找代工生產

這時，我從事百貨批發已經二十年了，什麼產品都經銷，但襪子是我的最大宗貨品，由批發中，我也看到襪品在材質及生產方面的演進過程。

從民國四十六年杜邦生產的尼龍材質出現後，一夕之間，市面上幾乎都是尼龍襪的天下。尼龍襪初推出市場時屬高價位的商品，杜邦當時則以配額方式分給各個工廠。像我一樣的中盤商常直接殺到工廠找貨，往往都得硬拗、套交情，才批得到貨。

雖然我拿得到商品，但襪子的需求量持續在擴大，生產端與需求端嚴重失衡，不免讓人心急。我心想，如果可以有固定的貨源，做生意就不會再綁手綁腳了。若是再進一步可以有自己的工廠，一切問題都可迎刃而解。這個念頭終於在十年後成形。

我體內的戰鬥意志不斷地被挑起，潛藏在基因中做生意的熱情也呼之欲出。我開始想要買原料，請工廠代工（OEM），此舉等於是為未來開工廠蓄積經驗。

首先，特地去拜訪認識多年，也有一定熟稔度的原料商，向他們表明我的想法，最好是可以切貨包下所有的庫存原料。他們隨即帶我到各紡織工廠去找。在紡織廠常可看到一團團的線紗堆在廠房的角落，這些原料多半是紡織廠提供外銷用的各類線紗團在生產後剩下的零頭紗團，也就是庫存原料，利用價值已經不大。通常這種只剩幾百磅或上千磅的線紗，價格很便宜，品質都不錯，只因量少不夠紡製成衣服而已，但買來生產襪子倒很合適，這些庫存的零頭線紗就是我切貨製成襪子的原料之一。

另外，我的消息夠靈通，一些因為經營不善而收掉的紡織工廠，也願意將剩下的棉紗以低價全部出清，這也是我買進便宜原料的好時機，而工廠剩下的襪子我也全數買下，經整理分類後再轉賣出去，利潤都很不錯。

施純鎰的真心話

好品質是創造好價錢的唯一條件。好品質的口碑，可以帶來量的基礎，兩者結合，更能創造物美價廉的可能。

獨擁商機與利潤

五〇年代的台灣，最熱門的外銷主力是香蕉及鳳梨等農產品，其他種類的產品也越來越多，例如：雨傘、腳踏車、運動鞋、成衣等，原料及成品都處在供不應求的賣方市場，商機異常活絡，生意非常好做。能搶到原料的生產者以及能搶到產品的業者，都是大贏家。當時的襪子代工廠多半集中在彰化社頭地區，普遍都是代工形式，老闆本身會修理機器，承接線紗自製襪子，收取微薄的代工費用，所以兩、三百打的訂單也有人接。

做了近二十年的生意，我一直是批發商的角色，賺的是轉手後中間的價差，想增加利潤，往更上游的生產線發展是必然的趨勢。但只是過渡階段，自己開工廠生產襪子，才是我接下來的另一個目標。

我做人一向四海，雖然不太會說話，卻有著天生的生意敏感度，眼睛一轉，風往哪邊吹都清清楚楚。平常人際往來中，我也不放棄任何交朋友的機會，即便只是聊上幾句，都可能是莫大的商機。天天耳濡目染的結果，我對百貨上、中、下游的生態已非常熟悉，也擁有廣大的人脈。

以人脈通錢脈的邏輯思考，能買到別人買不到的原料，部分原因來自人脈的累積，部分是正確的訊息來源及獨到的眼光，才有機會切到別人切不到的貨，或看準那一堆零零星星的線紗，都可以變成一雙雙漂亮、值錢的襪子。

民國五十二年，我開始找代工生產襪子。一開始生產量少，只在自家的店面零售，等到大到一定的量時，就會想批發給同業。起初，有些同業都不太願意批購我代工的襪子。為此，我開始往台北縣市以外的城市開發新通路，漸漸的也拓展到桃園、中壢、苗栗、竹南等地，產品也大受歡迎。兩年後，更順利的把襪品鋪到台中、嘉義、台南、高雄及屏東等地，幾乎全台灣都有我的產品了。

產品受歡迎，主要是能取得與眾不同的線紗，擁有特殊管道取得

施純鎰的真心話

「想法可以產生力量」。只要努力，成功的果實自然會慢慢向自己靠近。

原料，也是我長期經營人脈的結果。當別人只有尼龍材質時，我已開始採用不同原料，如羊毛（wool）、聚酯纖維（Polyester）及壓克力纖維（Acrylic）等原料，請人代工成襪子，這些材質具稀有性、品質穩定、信用佳，價格自然也比較高檔，穿過的人都很滿意。

當時粗棉製的襪子，因棉紗粗、沒有彈性、難穿而易破，一穿了又會鬆脫下來，比起尼龍襪並不受歡迎，而我研發出可以克服的技術，可以生產出好穿的粗棉襪，一上市就獲得消費者的喜愛。不管是幾千磅或幾百磅，以一打多少工錢的計算方式支付代工費，生產的利潤都還不錯。這段期間確實為家裡賺進不少錢，但都屬於「全家人」的收入，與自己無關，我可以說只是家裡免費的「代工」而已。

以舶來品為師

自己找原料請人代工，製造襪子販賣的利潤，當然又高過批發商賺取轉手的利潤。同樣是代工，我能製造更大的利潤，主因在於我懂

▶路上開進口車的寥寥無幾，施純鎰是其中一人。

得包下所有線紗的庫存貨，把價格壓得比別人低；另外，我又可以找到別人找不到的原料，像羊毛線紗就是一例，當織成羊毛襪時，物以稀為貴，價格高卻照樣搶手。

台灣的第一家百貨公司大約在這時期出現，就是位於現今寶慶路遠東百貨對面三角窗地帶的建新百貨，與當時高雄的大新百貨公司南北呼應，不僅帶動了消費者的購買力，也影響了消費者對少量多樣化與高級化的產品需求。

那段期間，我每個月都會到高雄出差，剛開幕的大新百貨及其他委託行，都是我鋪貨的對象。因為我的品質及包裝都不錯，所以高雄新堀江地區的委託行及基隆的委託行，都會買我生產的襪子當成港貨賣給本地人，但台北的委託行就大多都賣進口的舶來品，一時之間，我的襪子還打不進台北的委託行銷售網。

因為材質的特殊性，產品又深具特色，例如：在別處都看不到的羊毛襪，讓台北及高雄的百貨公司都有興趣鋪我的產品試試，而後來

施純鎰的真心話

早期歐吉桑穿的平口褲，銷售量只占當時男用內褲的百分之一。看到那百分之一，讓我覺得它有變成百分之十，甚至百分之三十五的可能，便決定一試。

的銷售數字，也讓我對自己的產品更有信心。

民國五〇、六〇年代，是台灣代工業最為興盛的時期，全台灣幾乎都以OEM的量大而自豪，著作權的觀念薄弱，相互模仿學習的現象非常普遍。對於襪子我很在行，因為看得太多了，懂得運用最有效的廣告，來為產品加分。例如：羊毛襪的包裝，我選擇以一隻羊頭的圖案，一目了然說明是高級原料羊毛製品，讓消費者印象深刻。而屬於「特多龍」（聚酯纖維）的材質，則貼上「絲」的標誌，讓人感覺很涼爽，也的確收到不錯的效果。

當時沒有特別的設計概念，一切先由模仿開始，漸漸的才開始培養自己設計的能力。當然，模仿也有應用及思考層次的差異。因為我認為，想學就學最好的。所以只要有空，就會到委託行觀摩，看包裝、欣賞櫥窗裡的樣品，認識新材質及各式流行花色，然後應用在自己的產品上，讓產品更具有時代感。我總是比別人努力，比別人跑得遠、看得多，雖然很辛苦，但都有代價。

由於長期與代工工廠合作，我又開始有了不同的想法。看到代工產品總是夾在大品牌中間打游擊戰，永遠沒有自己的根；好像保母一樣，總是幫別人養小孩。所以我又開始思考：「難道要一直找代工嗎？」

當然，由零售時即發現小批發賺的錢多；由小批發中，又知道中盤批發賺的錢更多；當中盤時，又發現原來找原料請人代工更划算；由請人代工中又知道往最上游的工廠發展，才是最有潛力及未來性。

結論是自己開工廠，而且一定要有自己的品牌，生意才會可長可久，也才有成就感可言。這時距離十來歲開始做零售生意的起點，已經是二十年後的事了。

從小小的零售到產生自己開工廠的念頭，我已無法回頭停留在大宗的批發事業或更大量的發包代工上，開工廠是當時唯一可以滿足自己期望的出路。一想到開工廠，我的內心就有一種莫名的成就感，對未來充滿希望。

當時，分家獨立的想法，正開始醞釀、逐漸成形，也一步步引領我往創業之路邁進。

施純鎰的真心話

【擁有自己的品牌，生意才會可長可久。】

台灣三花棉襪

週年慶

三花棉襪三十週

事業經

從分家到合資、獨資，
一路設定目標循序漸進。
憑藉著對產品和消費特性的了解，
三花棉業求新求變，
大步超越競爭對手，
走出一條與眾不同的蹊徑。

往夢想前進

我在三十三歲以前的運勢，可說是「一分耕耘，一分收穫」，全憑一股「勤快」與「傻勁」，拚命似地奮勇向前，一直到開工廠前都很順利。而這些成績，也都是我用時間換來的成果。但真正的挑戰，是在工廠成立後才開始的。在這過程中，我由合夥失敗到確立獨資經營，之後才算真正掌握了自己的事業與人生。

從民國四十二年從事批發業開始，我就清楚看到批發的前景十分有限。當時生意雖然做得不錯，卻還沒有獨立的想法，主要是因為掛心當兵的事。只要還沒當兵，每年就會不斷的接到兵單，一年又一年的體檢。所以一直到我三十四歲，因為體重還是過輕，才確定不用當兵，只需服一星期的國民兵就可除役。到這時候，我才敢真正去落實設置工廠的計畫。

施純鎰的真心話

我不敢說自己是全台灣最懂襪子的人，但若說我是全台灣摸過、穿過最多種類和品項的人，應該沒人會反對。

批發生意畢竟是家族事業，開設工廠自行創業才是我最終的夢想。而且，家族終究要分枝散葉才能共享榮景，這也是我決定獨立創業的主要原因之一。

合資是錯誤的一步

我的性子急、好勝心強，任何念頭一起，就想馬上付諸行動。我了解自己在念書方面也許無法與別人相提並論，但講到做生意，我絕不會輸給班上任何一位同學。

當時家裡開的批發店附近有家賣馬達的店，生意做得不小，老闆偶爾會來家裡串門子。言談之間，他常流露出那種「你們做這種小買賣，也能算是生意嗎？」的不屑神情，大大刺激了我，讓我不服輸的性格又更強了。

於是我利用空檔，開始在三重埔、樹林新樹路、新莊化成路等地尋找合適的工廠，但都只有幾十坪大，欠缺發展性。終於在民國五十六年的某一天，我無意中從報紙廣告得知新莊思源路巷子裡有一處廠房要賣，三百多坪的空間，正符合我的理想，周圍也有腹地，我看中它未來的發展性，便毫不猶豫地買了下來。

有了廠房，接著就是尋找合作的夥伴。兩年後終於找到兩位合資人，一位懂技術及機器維修，一位負責工廠管理，我則擔任開拓業務的角色，三人可以充分分工合作。當時我出資一百萬元，技術股東及管理者合出舊機器，折合現金大約也是五十萬。

一開始，工廠請了七、八十個作業員，兼做內、外銷用的襪子。內銷則全數交給「新同源百貨商行」代理批發。

但接下來的兩年時間，因舊機器生產不順，工廠得不斷借錢添購新機器，導致資金壓力越來越重，由於家中財務都由父親掌管，公司純屬我個人的投資，工廠運轉的資金得向父親商借，父親因不看好工廠的前景，不肯再借錢給我周轉，造成資金上的壓力，這對我無疑是雪上加霜。加上合夥人廠務與技術管理並非在行，合作後才發現困難

施純鎰的真心話

四十年來我幾乎天天換穿三次襪子：早上穿休閒襪出門；運動時穿運動襪；上班時再換成紳士襪。隨時用心體會，做為改善品質的依據。

重重，工廠運作得沒有想像中順利，問題層出不窮。兩位合夥人眼看工廠毫無起色而相繼求去，開始了我人生中最痛苦的一段時期，我除了要經營工廠，還得兼顧批發生意，陷入了到底是要重回批發業老本行，還是接手獨資、繼續「撩落去」的長考之中。在無人可商量的情況下，我的壓力大到夜夜失眠，甚至得了體質性的精神衰弱。我不停的在心裡自問自答：「不是一直想開工廠大展鴻圖嗎？怎麼一有困難就想放棄啊？」「沒有放手一搏，哪知不行？」

其實我內心並不是真的想要放棄，只是當初父親並不贊成我開工廠。後來我告訴自己：既然心意已決，也無後路可走，就該義無反顧，勇敢面對。

於是，在全心力拚與不斷琢磨下，經過一整年的審慎思考，評估了自己的優缺點之後，我終於決定退出批發業，正式進軍製造業。我很清楚自己的優點：基層做起的完整實務經驗、對線紗原料的絕對內行、深入了解襪品的市場需求與產品特性，以及二十多年行銷通路的

▶當人們還在用手開支票時，施純鎰就開始使用支票機了。

經驗。這些因素的總合，已經具備了成為經營者的條件。

就在這個時候，我也向父親提出了分家、自立門戶的請求。

此刻，真正的痛苦，才要開始。

獨資經營，未來全靠自己

工廠剛成立的草創時期，也是我資金調度最捉襟見肘的時候。首先我必須和父親經營的「新同源百貨商行」做切割。因為家裡有百分之九十九的生意都是我帶進來的，所以父親一直都不贊成「分家」。但我認為眼光必須放得更遠，如果一開始沒切割清楚，往後遇上資金的糾葛，我可能會有所顧忌而不敢放手去做，甚至拖累家族企業，造成更嚴重的後果。徹底切割，一時之間固然令人心痛，但日後的家族關係卻可以單純化。

後來父親被我說服了，同意分家後，百貨批發的店面及客戶全歸弟弟所有，我擁有的則是創業的自主性，而不是實質上的任何財產。

施純鎰的真心話

第一名不代表市占率的飽和，銷售第一或品質第一也不代表就沒有改進的空間。

許多朋友為我叫屈，但我的想法很單純，錢再賺就有，實在沒什麼好計較的，我有的是更大的企圖心，想要成就的是更有挑戰性的事業。

為了工廠營運，我到處借貸，也向「新同源百貨商行」周轉，利息照付。當時借一百萬，一年的利息就要四十三萬二千，壓力很大，天天都睡不著覺。父親雖然願意借錢給我，卻有上限，只到七十萬，可能是不希望我被龐大的利息壓得喘不過氣。

有一次開票子還差五萬。當時跳票是必須負法律刑責的，我心急如焚，心想曾經風光過的我，竟落到籌不出區區五萬元的地步，更讓我體會到「一文錢逼死英雄漢」的滋味。就在最後一刻，鄰居傅先生及時拿出五萬元幫我應急。對他，至今我仍心存感激。至於父親，一直到民國六十五年以後，眼見我的工廠漸有起色、已具還款能力，他才又開始願意借錢給我。

有好長一段時間，我幾乎天天跑三點半，夜裡常冒冷汗，一件件濕透了的汗衫，一個晚上換了又換。而終能熬過低潮期，都是太太默

▶甫創業時，施純鎰與友人情商借來的1百萬元支票，年息是43.2萬元。

默在旁加油打氣的結果。「命中帶貴人」是我常掛在嘴邊的話，而太太就是我生命中最重要的貴人。

雖然父親對我異常嚴厲，在「借錢」這件事上也常給我軟釘子碰，但其實家中許多長輩還是非常疼惜、照顧我的，例如：姑姑、岳父和舅舅都是。只要我開口，他們一定借我。岳父當時是三信的理事主席，曾主動表示想幫我，後來我也確實跟他調了頭寸，也付了利息，但他堅持少算利息，算是對女婿特別的愛護與照顧，我也就恭敬不如從命了。除了岳父，其他親戚我一律不向他們借，這是我的原則。

睡工廠三年

撇開資金的困擾，我最擔心的工廠管理，還是得一件一件解決。開工廠必須面臨的三大困境，分別是技術、管理及工人的問題。當時做家庭代工的工廠老闆，一定要懂得維修機器，壞了才能自己修

施純鎰的真心話

求好是我的原動力，也是我永遠追求的目標。

理。因為做我們這一行的，尤其傳統襪子工廠中最需要的，就是負責機器的技術人員，一個八十人的工廠，技師約需三、四位。早期修理機器的技工，多半由學徒熬成師傅，因握有技術，姿態很高，我必須非常禮遇，以高薪挖角才行。

這些技師培養不易，一旦熬到出師，身價立刻三級跳，加上普遍都有把持技術、「私藏幾手」的陋習流傳著，自然得以左右工廠開工的順利與否了。當然，這也是市場供需的問題。以前機器的運作是否順暢，憑的是師傅的技術、經驗和感覺，師傅會「挾技自重」，主要也是他們有真功夫，只要聽聲音或憑著手感，就知道哪裡有問題，不像現在都由電腦控制，一般的電腦工程師就已夠用，像以前那麼神通廣大的維修師傅，若在現在，反而英雄無用武之地。

又譬如襪子的花樣設計，以前想換一種花樣，師傅改一種織法大約要花四天的時間調整機器針版的排列，而一塊針版的費用要三、四千元；現在則全由電腦控制，只需按下按鍵，約一分鐘的工夫就可全部完成，也難怪現在的技術者無法「恃技」而驕了。

因為工廠管理關關相扣，一關不順全部停擺，為此我曾有三年時間都睡在工廠。還從業界找來一位廠長幫忙管理廠務，才漸漸懂得管理工廠的事。兩、三年後，工廠也比較上軌道了。

除了管理令人頭痛，女工難找也是一大問題。那時找女工，不像現在有報紙雜誌和網路那麼方便快速，而且當時新莊思源路一帶連路燈都沒有，巷子裡只有我這一間工廠，以及巷口一家賣滷肉飯的小攤子，其他什麼也沒有，到了晚上黑壓壓一片，什麼都看不見，對女工而言，實在是很無聊的地方，所以很多年輕女工都待不住。再加上當時是事求人的時代，工廠始終處在欠缺女工的憂慮中，這又是另一個讓我夜不能眠的原因。

婦幼襪讓工廠轉虧為盈

決定獨資扛下工廠的經營後，我開始一連串的動作：我想永續經

施純鎰的真心話

思考和想像力，是我夢想及創新的起點。

營，當做一生的事業，並不急著搶短線或在一、兩年內就要看到獲利，我要的是可長可久的事業，時間是我的武器，也是我的戰場。

台灣的經濟一直在進步，襪子在當時民生用品中是大宗貨品，可是如何做得有特色，才是勝出關鍵。根據我的觀察和經驗法則，好賣的商品常是一時的消費風潮所帶動，流行性雖強，但一季的好光景過後，可能再也乏人問津；而真正受歡迎的長銷商品，永遠都有固定的銷售量，短時間內也許不見爆發力，長久下來卻能綿延持續，成為市場上的長青樹。

應用在生產襪子上面，我會避開一窩蜂的跟進方式，選擇走一條看似冷門但風景無限的路，而且立下持久且難以模仿的目標來自我挑戰。因為如果產品的製造門檻太低就很容易被模仿，那麼即便取得一時的領先地位，市占率也無法持久。

工廠設立之初，我把重心放在先穩住工廠與硬體設備機器的汰舊換新上面，所以對襪品種類的研發著力不大，基本上和同業差不多，因此前五年大概沒賺什麼錢。隨著產品漸受肯定，也慢慢稀釋了資金的壓力，再回到工廠的經營面，二十年批發的經驗應用在開發工廠的產品上，完全派上用場了，以現在的說法是消費導向的生產模式，尤其是我只生產針對特定族群需求的襪子。

從懂得買原料、請工廠代工開始，我就有一種觀念：別人做不出來的，我更要做。銷售與別人不同的產品，競爭少，利潤高，如果賣的東西跟別人一樣，拚死也賺不到錢。從代工開始，我專門找別人找不到的原料，創造產品的獨特性，寡占所有的利基。自己成立工廠後，更是貫徹如此想法，我苦思突破生產困境的策略，也就是現在所謂的「市場區隔」。在別人忽略的地方，我更花心思經營。

剛開始，我不只生產襪子，還賣襪子。我是業務出身，當然得以身作則，帶頭跑業務。我採用目標銷售策略，專攻婦幼襪。因為男襪及學生襪的大餅，早被同業搶得差不多了，婦女及小孩的褲襪有一定的需求量，但生產的工廠還不算多，乍看之下很冷門，其實才是真正

施純鎰的真心話

愛因斯坦曾說：「沒有思考就沒有創新；沒有創新，世界也不會有任何的改變。」

有潛力的商品。到了民國六十二、三年，婦幼襪已成為三花的主要生產品了。但這類襪品也比想像中複雜，品項太細，例如：小孩襪分一至三、三至五、五至七，及八歲以上四碼，婦女襪則有黑、白、灰及膚色四色，非得以我做事的細膩及「頂真」，才生產得了這些產品，事後由銷售量證明幾乎是獨占整個市場，為工廠創造了極佳的業績。

而且我找得到別人要不到，價錢相對便宜的羊毛原料。因為生產速度慢，起碼要花半年的時間生產，才足以供應冬天賣三個月所需的量。另外，羊毛的材質好，又可以賣得更高價，可替工廠創造較高的利潤。

向日本取經

「要做就做最好的」是我一貫的自我要求。日本當時已經不用「壓克力紗」（Acrylic）來做襪子了，我相信台灣不久也會走到不用

▶為了解國外市場，施純鎰首次赴日取經。

化纖材料的路，經驗告訴我，純棉素材一定是未來的趨勢。當時台灣有不少廠商，將價格比較低的「化纖」或「壓克力紗」當做純棉使用，沒人願意用棉紗製造襪子，尤其當時對成份的標示並沒有嚴格的管制，就算不是真的純棉，標籤貼純棉也無所謂。

當時日本進口的產品不僅高價，而且很受歡迎，促使我有了想向日本取經以助市場開拓的想法，但橫在眼前的是資金周轉的問題，為此我決定先到香港一趟。民國六十五年，我四十歲，生平第一次出國，目的是將庫存襪品全部切貨給香港商人，經香港銷往印尼，換成現金。這一次與港商的合作，也讓我找到日後處理庫存貨品的重要管道之一。

這段時間，因其他工廠加入婦幼襪市場競爭行列之故，我開始減少婦幼襪的產量。隔兩年，遂將生產重心轉往男襪市場，而且大膽採用日本機器生產，做出同行絕對跟不上的產品，企圖以超高的品質與對手區隔開來。

施純鎰的真心話

想賣特殊性的商品，得有找原料的能力或不同的進貨管道，缺乏人脈無法成事，不夠靈活也不會有好效果。

同年，我第一次到日本，還拜託大哥全程帶我上飛機。到了日本，再由親戚的小孩陪同到大阪看機器、買機器，開始在台灣生產。另外，也順道觀摩了日本的市場、管理、流行的花樣、製襪的材質等。

這次日本之行，讓我更加確定：全棉襪一定會成為未來市場的主流。雖然一時之間，尼龍襪以具彈性且不易破而大受歡迎，但它不透氣、易生細菌及穿後會腳臭的缺點，終將被棉襪所取代。所以我堅持進口專門做棉襪的日本機器、採用日本棉原料，以迎戰同時期選購自義大利進口機器、生產尼龍襪的其他同業。

以優質品拉開競爭差距

好品質是創造好價錢的唯一條件。因此，尋求好材質是我生產襪子的首要之務，又好又快的機器則是另一要素。好品質的口碑，可以帶來量的基礎，兩者結合，更能創造物美價廉的可能。我謹記如此銷售鐵則，也一直朝此目標邁進。

六〇年代末期，襪子普遍都有原料和鬆緊帶兩個問題，少了具彈性伸縮的紗，一下水就變得很緊，穿著時易破，又不容易套上去，一穿上後又有鬆弛不貼腳的缺點。至於鬆緊帶，台製鬆緊帶下水後會緊到一穿上就把小腿束得一圈圈的，品質又差，穿得很不舒服。而且一旦鬆掉之後，襪子就穿不住，直往下滑。

當時的台製鬆緊帶一磅售價七十元，日本進口的則要四、五百元，但日製的鬆緊適中，耐得住洗衣粉的洗滌而不會鬆脫，品質好得多，當然成本也高出七倍之多。我一貫選用日本機器、進口日製棉紗及鬆緊帶，在當時的台灣製襪界可說是一大突破。

不只在襪子的原料和機器的品質上面，我們不斷的精進著，其他與襪子相關的一切，也都力求頂級標準，例如：採用日製車商標的機器與襪子定型機。台灣製的定型機只需十多萬元，就能烘成型，而進口機器可以用定時控制襪子成型後，不太硬也不太軟，能製造出最舒服、最適合觸感的柔軟度。光是這樣，一台機器就要四百萬元，實在所費不貲。但我覺得這筆錢花得值得。因為既然全心要做最有品質的襪子，該花的錢一毛也不能省，這才是我在市場上的立足之道。

優質棉襪讓三花「足」下生風

除了專注在襪子本身，我也緊追著日本襪品市場上的變化，一直保持和日本人的接觸。由隻字片語的溝通中，我學到日式管理、機器、原料、品質和市場定位的種種知識。像到日本參觀「花王化工」公司，員工約七、八萬人，卻拿下全日本約八成的市場，由此我體會到：產品品質一定要好，但價格不能太高，才是市場上生存的利器。此後，三花也一直朝此「高品質、中價位」的概念發展。

民國六十八年，三花是台灣第一個大量使用日本機器生產襪子的工廠。同年，工廠開始裝設冷氣、改善工作環境、提升工作效率，這也是由日本學來的經驗，在台灣襪界中也屬首例。

施純鎰的真心話

好品質的商品有固定的銷售量，只要抓住消費者的需求，價位不是問題。

▶持續運轉不停歇的織襪機，象徵三花棉業生生不息的創業精神。

從我開始使用日本機器與日本原料生產襪子，因為品質的提升相較於一般市售一雙二、三十元的襪子，三花襪子的產品價值一雙可賣到一百二、三十元。之後因業務量增加，進口更多日本機器與日本原料紗，使售價更一再提高到一雙一百八十元。民國七十三年，進口襪的價格多訂在五、六百元左右，「三花」的襪子售價則介於二百四十到二百八十元之間，相較品質和價格都備受肯定。

七十二年時，三花開始與日本技術合作，全面使用日本棉紗、鬆緊帶與日本機器以及技術，日本也派技師留駐台灣，訓練本地的技師和協助機器運轉順利。這時候的台灣師傅工作態度已有了轉變，不會再出現動不動就辭職的現象，工廠生產日益穩定，產量也逐漸在增加當中。

在同業間，我向來以冷門素材殺出重圍著稱，一方面是眼光使然，一方面是我強烈的好奇心，喜歡多方嘗試不同的材質，滿足我的挑戰性格，結果證明人煙稀少的路，反而隱藏更多柳暗花明的盛景。

施純鎰的真心話

我深信細節差一點就差很多的道理，一些細部的微調，都大幅度拉開和競爭者之間的差距。

跟著日本人用了十多年日製原料紗之後，開始引進泰國及印尼進口的原料，轉換產地採購，主因日本原料價格高，競爭力變弱了。而隨著日本公司到泰國、印尼設廠，我買原料的範圍也跟著轉進東南亞，再到巴基斯坦及印度。現在「三花」用的原料，多半是印度及巴基斯坦產的，品質佳且價格合理。

至此，我獨資經營工廠已十多個年頭，角逐市占率是我的下一波重點。當工廠穩定成長時，材質與品質的強勢，也逐漸拉開與其他競爭對手的差距，對此我又有新的想法了。

不久，三花便首開襪子做廣告的先例，在國內襪品界攻下一席之地，讓三花之名，從此更上層樓。

台灣「第一雙棉質休閒襪」誕生

在國人對休閒的觀念尚不普遍時，我便率先推出休閒襪的概念。

▶三花棉業第一張平面廣告，彼時頭版全十售價10萬元，今為50萬元。

大約民國六十八年前後，我不斷的往返日本，注意到休閒生活風格已在日本蔚為流行，聯想到休閒襪也一定會成為生活時尚的元素之一。為取得機先，研發新產品的念頭又再度萌芽。

話說有一天，我偶然間看到電視上播出治療香港腳的藥品「足爽」的廣告。那時有香港腳的人，除了擦藥，就是不穿襪子。我身為製襪業者，看到那則廣告，只有一個簡單的想法：自己生產的襪子，可不可能設計成防菌防臭，解決悶熱及不臭的困擾，又能預防香港腳的毛病，甚至可以透過穿著優質棉襪，克服香港腳的問題。

經過兩年的研發，民國七十二年，三花終於突破技術及原料瓶頸，生產出適合台灣亞熱帶氣候的防菌防臭全棉休閒襪，完全達到預期的想法，也申請了專利。這是台灣第一雙棉質休閒襪，也是全國第一雙具抗菌及防臭功能的棉襪，更改變了國內長期以來以尼龍襪為主流的市場，可以說是台灣襪子的第一次棉業革命。這款襪子，主要是在紡紗的過程中，將經過抗菌、防臭技術處理的紗也紡在其中之故。

施純鎰的真心話

> 纖維也是有生命的，越久越硬，舒服程度也會降低。我堅持選用當季的棉材做為原料，這樣才能製造出讓人舒服的襪子。

而且因為百分之百純棉，原料本身極易吸汗，也不會因不透氣而孳生細菌，或導致有香港腳的人病情更加嚴重的情況產生。

此款棉質休閒襪是與日本梶井株式會社技術合作，兼具三種特色，一是採用美國「Peeton」防菌、防臭、防霉的新型衛生加工處理，經測試為準陰性，確實能遏止細菌孳生並具除臭功效，是預防香港腳的特效藥。當年如此技術，台灣廠商想製造並不容易，加上成本又貴，業界能跟進的機率幾乎是零。二是不起毛球、彈性佳、好穿脫、吸汗力強又透氣，是最適合台灣氣候穿著的設計。三是首次採用毛巾襪底的特殊設計，兼具保暖、耐穿及舒適的優點。

這些功能的訴求，在台灣製襪史上，都是技術及品質的突破，當然值得為它做廣告，讓消費者更加認識純棉襪的材質和優點。而想要改變消費者的習慣，利用廣告訴求的效果是最直接也最全面的，這也是我為防菌防臭襪做廣告的原始構想。

自創品牌，提高產品生命力

談廣告行銷之前，應該先談談我對品牌的認知。其實，我早有品牌的概念，打從十多歲起在商場上打滾，看過太多商品的起起落落，深知經營品牌才可以延伸產品的生命。由此不難理解，為何我不願從事代工，正因為有長期經營的想法，品牌好像自己生養的孩子，代工就像保母替別人帶孩子，無論帶得有多好，孩子永遠是別人的。

經營品牌，必須要有路遙知馬力的覺悟。以襪子而言，消費者必須經過長期穿著才知耐穿與否；或是經過無數次的洗滌，才知道鬆緊帶依然彈性適中，這些都需要時間的考驗。「三花」靠的就是品質帶來的口碑，如今台灣年銷售千萬雙，就是最好的證明。

長期而言，品牌的建立仍具最大利基。「三花」四十年來創造了很多第一，可以穩站領先地位，首創廣告行銷襪子的手法，也是特色之一。許多人對廣告的想法，多少有「言過其實」的印象，我的想法是產品好，才值得做廣告。廣告的目的，是希望能在短時間內將好的

施純鎰的真心話

我的人生過程，就是做生意的過程。不是學習別人，就是自己思索，不斷嘗試。

產品分享給消費者；相對的，產品若不夠好，靠廣告行銷，也只有單次行銷的機會。

首開襪子廣告風氣之先

嘗試製作襪子廣告時，因為自己也打高爾夫球的關係，便邀請了當時的高爾夫名將陳志忠為代言人，打出台灣「第一雙防菌防臭棉質休閒襪」的媒體廣告，大量在電視及報紙上強力曝光。甫推出即造成大轟動，撐起三花在本土製襪品牌中的半邊天，儼然成為名牌高級品的代表，這也是三花立足業界的前哨戰，更樹立消費者眼中，三花生產高品質襪品的深刻印象。

廣告的效果很好。但當時也有很多人笑我，一雙襪子才賣多少錢，為襪子做廣告划得來嗎？但我有自己的想法，相信絕對有價值。確實沒過多久，高級襪子市場全是我的天下，信用加上品質，當然全贏。

值得一提的是，當三花第一雙休閒棉襪出現時，也是台灣製襪織法技術一大突破之際。現在不少襪子都可以製成雙層底，但在二十五年前，這是很不容易的技術，除了機器，棉要夠細，品質要夠好，才能有韌性織成雙層底。日本休閒襪初出之際，一般襪子只有九十六針，而我們的產品已達一百六十八針，這樣的針織技術，最能符合台灣亞熱帶氣候對襪子品質的需求。

另外，自動折幅的設計也是另一則創新技術，可以將鬆緊帶包覆在內部不外露，不會出現鬆脫或「跑出來」的情況；更重要的是，要能舒服又不緊，得以改進過去襪子常鬆脫且易滑落的缺點。

以品質戰勝仿冒

隨著電視廣告的帶動，銷售一路長紅，創下單月狂賣數十萬雙的佳績，卻也樹大招風，使得仿冒品相繼出籠。一雙一、二十元的襪子，開始在外包裝打上「防菌防臭」的字樣，然而我們真正要提防

施純鎰的真心話

要懂得反向操作的概念，清楚季節變化時，商品銷路好壞的循環。

的，則是仿「三花」品牌的商品，他們趁機魚目混珠，讓我們不得不開始抓仿冒。

當時台灣還沒有智慧財產權的觀念和相關法令，在於法無據下，我們只能無奈的睜隻眼閉隻眼，最後能夠戰勝仿冒的，還是品質。直到八〇年代，相關條例出爐，才逐漸杜絕了仿冒品事件。

生產女用高級絲襪是我的夢想之一

「三花」棉襪是國內第一雙標榜全純棉的高品質襪子，也是開風氣之先推出休閒襪概念的第一家。在精益求精、好還要更好的堅持下，我一直朝著維持國內棉襪的第一品牌而努力。

女用絲襪是我生產襪子的夢想之一。做女用絲襪比男襪容易，速度又快。而在製襪技術中，門檻也不算高，機器、技術、設計、材質的掌握都沒有問題。通常一個作業員可以監看二十幾台絲襪機器，而男襪只能監看十台左右，所以盤算過後就積極投入。從買下整套漂染

▶邀請當時八點檔女星林以真拍攝「百分之百超彈性絲襪」廣告。

技術及全自動電腦化機器設備等的一貫作業，付出的精神及資金自然不在話下。但是當全國第一雙百分之百超彈性絲襪推出時，所造成的市場轟動程度與女性消費者的青睞，都讓我覺得非常值得，至今「三花」仍是消費者買高級絲襪的第一選擇。

當時的媒體行銷策略也令人津津樂道，讓中國小姐溫翠蘋及當紅明星林以真挾媒體知名度，秀出修長的美腿，自然的展現「三花」超彈性絲襪猶如嬰兒般肌膚的細緻質感，讓很多女性為之驚艷，銷售數字扶搖直上，此時的「三花」，早已穩居襪品界流行的領導地位。

趁著絲襪流行的風潮及塑身熱當頭，包括束腹提臀的束褲及防靜脈曲張等特殊功能的褲襪，三花也一一生產。前兩年銷量很大，一度供不應求。後來因生產者眾，熱潮一過，價格應聲下跌，因市場急速萎縮而停產。

流行性強的絲襪，利潤確實誘人，對流行性的掌握、花樣的翻新……，在在考驗著三花的應變能力；後來當穿涼鞋的風潮一流

施純鎰的真心話

事先做好準備，在夏天買冬季的貨先囤積，當很多人都批不到貨時，我貨源充足，所以銷售量增加數十倍。

行，絲襪熱急轉直下，賠錢的速度很驚人，絲襪類的生意一落千丈。

未能預知涼鞋的風行，讓三花這一波女用絲襪虧損不少。當然目前絲襪仍在生產，銷量雖不多，成本也變高，但還是很受歡迎。三花生產的絲襪，從五十公分拉至二百公分都沒問題，因為採用百分之百的高彈性紗（spandex）材質，輔以高密度織法，讓橫向及縱向延展時，彈性增強兩倍，加倍的伸縮，讓絲襪雖柔軟而不勾紗，也不變形，穿起來自然不會有「柴柴」的乾澀感，反而像極了皮膚般的細緻質感。所以產量雖少，但因質佳，在同類型商品中仍最具競爭優勢。

當然，三花超彈性絲襪也曾締造了一個光榮記錄，至今仍令我感到驕傲。民國八十四年，消基會曾對國內、外品牌的襪子進行評鑑，三花絲襪得到四個項目都優良的「4A」評等，而日本某知名品牌才得到三個優良。這項美好的記錄是對三花的肯定，也是好品質的象徵。

雖然投入女性絲襪市場並沒有締造預期的效果，但三花經營至此

▶三花棉業致力創新，鄭弘儀代言的「無痕肌棉襪」就是一例。

二十餘年，已站穩業界龍頭地位。一波波的絲襪廣告，不斷擦亮三花棉襪的名號，在明星代言廣告還不興盛的年代，我對時尚潮流的嗅覺，似乎比其他人更為敏銳，一時之間，「三花」品牌成了廣告及媒體追逐的寵兒，搶盡風頭。

無痕肌棉襪，讓足部觸感更升級

提到目前市場上人氣最旺的「三花」無痕肌棉襪，又是襪品界的一次創新。早在十年前，我已有研發無鬆緊帶襪子的構想，而在五、六年前，已有一、二款無痕肌的新產品出現，但我覺得還不夠理想，便繼續研究、開發，終於在民國九十五年推出八款完全無鬆緊帶且服貼肌膚的無痕肌襪子，再以強力行銷的廣告策略，由媒體名人鄭弘儀代言，來打響產品知名度。

無痕肌襪的出現，宣告台灣製襪品質又向前邁進了一步，也為「三花」研發頂級襪子的堅持，再度擊出一支自我突破的全壘打。

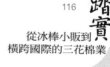

施純鎰的真心話

能正確掌握市場脈動，遠比賺錢還要來得快樂，成就感也更多。

該產品的問世，是高科技產物下的結晶，不需要鬆緊帶也不會滑脫。專利襪口零壓力設計的舒壓織法，讓襪口束感輕盈、不緊繃，長時間穿著也不會產生勒痕，不咬肌膚也不留痕跡，讓穿者能整天穿著也輕鬆舒服，完全零負擔。可是，產品再好，還是有改良的空間，如何將襪子做到無可挑剔，是我永遠不變的初衷。

做襪子可不簡單

襪子是讓人穿在腳上、踩在地上的，比起其他穿在身上的衣物，似乎顯得微不足道。對於生產襪子這件事，多數人也覺得沒什麼了不起，不過就是雙襪子罷了！如果你也這麼想的話，那就錯了！

其實，做襪子，絕不是件簡單的事。目前三花生產的襪子，光品項就有一、二百種，外觀包括花樣、尺寸、型態；以使用者區分，分為老人、小孩、女性、學生族群及上班族等；襪子類別可分休閒襪、

在施純鎰身旁的紳士襪，一賣就是二十餘年，至今仍是長銷商品。

紳士襪、絲襪、學生襪、少女襪等；按季節又分冬、夏，各有厚薄及長短襪，質料則又各自不同，可謂琳瑯滿目，其複雜、繁瑣的程度，非一般人所能想像。

台灣在這數十年來，幾家擁有數百名、甚至千名以上員工的襪廠紛紛收掉，皆因品項太多、材料消耗率高、工人龐雜難以管理，加上想法因循，不懂得與時俱進，所造成的管理上的困難，才落得結束經營的下場。

三花得以在行銷上成功，很重要的一件事是，我一直都站在第一線，直接面對市場訊息。像量販店的銷售一直在變，如果本來都賣一萬打，現在只賣了八千打，我就會想知道原因，不論問題是出在銷售人員或品項的改變等，我都會隨市場變化立刻做出調整。

因為在這一行久了，對其他同業產品的特性、消費者的喜好等等，我都一清二楚，因此對自己生產的襪子很有信心。當然，關於品牌、廣告、行銷、管理及產品的生命週期，每個環節的克服，對三花

施純鎰的真心話

在商場上，一定要知時能變，才不會因變動不及而隨波逐流，迷失定位及方向。

的壯大都舉足輕重，像拍襪子廣告，似乎印證了我的市場嗅覺與觀察力，一次次亮眼的成績，更對我產生無形的鼓舞與激勵作用。

「三花棉業」至今近四十年來，早已累積不少忠實的客戶，如果有人說「我就是穿三花的襪子長大的」，可是一點也不誇張。現在因機器生產速度加快，產量增加，成本降低，比起從前更為物美價廉。尤其現在改從印度及巴基斯坦進口原料，品質佳，成本完全反應在售價上，值此「微利時代」，這是合理的結果。

SF毛巾小兵立大功

三花在逐漸壯大之際，一度也面臨跨業或多角化經營的抉擇，而我堅守的「做自己內行的事」的專業原則，卻從來沒有改變過。由襪子往毛巾業發展，憑藉的是熟悉原料的相關性，之後再轉進內衣業也是相同的考量。對紡織原料，我自認比別人有深厚的基礎，所以掌握原料專業是我嘗試新事業的籌碼，即使沒有成功，損失也有限。

►三花棉業最新專利佳作「泥地組織健康毛巾」。

在三花棉業的發展歷程中，不管是襪子、內衣或毛巾的生產，雖是不同的專業，但都有共同的原料基礎，理解或應用起來相對容易許多。尤其現今的毛巾市場，幾乎沒有叫得出名字的品牌，這也是三花最能掌握的著力點。目前，三花ＳＦ毛巾主攻贈品及機關行號的市場。因為纖維好、棉度夠、織法結實，具有不沾毛、不沾細菌、耐洗的特色，洗久了也不會變硬，一條可抵兩條用，口碑極佳。

其實做毛巾的學問很大，光棉紗的染色就是一門學問，如何染出漂亮而柔和的顏色，更是一門技術。因為對棉紗的專業以及對品質的堅持，所以我有自信三花的毛巾比別人的細緻有彈性，耐用又不易孳生細菌。

三花ＳＦ毛巾也是三花棉業在促銷期間，常當做送給經銷商的贈品，經銷商也可以當成商品販賣給消費者。在良性的消費循環下，三花ＳＦ毛巾的市占率一直在增加，我有自信，將來台灣的毛巾市場，也會是三花棉業的天下，這又是我們執著於專業的結果。

施純鎰的真心話

對於買賣，「實力比學歷重要」，看似簡單的買賣中隱藏著許多訣竅。

為投入內衣業埋下定心丸

在工廠運作逐漸順利發展時，也開始有跨業跨領域的餘裕了。加上我也躍躍欲試，所以除了投資加油站，也嘗試了百貨賣場的經營。大概在民國八十年左右，開始積極在台中鬧區覓點開設百貨超市，預計五年內擴大為十家。但畢竟隔行如隔山，我對百貨超市的經營並不在行，又無法全心投入，三年內共虧了幾千萬，最後不得不以喊停作收，這完全是「不專業」的結果。

從以上的業外投資經驗，更證實了「專業」的重要。幸好，我的個性小心謹慎，投資之初便已設下停損點，一發現苗頭不對就立刻中止，絕不逞強。此刻「見機行事」、「淺嘗即止」的魄力和決斷力，在這時就能真正發揮出來。

拜此跨業嘗試之賜，我不再心有旁騖，而是回歸本業、全力衝刺，而且只鎖定與紡織相關產業的轉型，只專注自己專業的這一塊，這也為三花轉為內衣業發展埋下一顆定心丸。

這段期間，也是台灣晉升亞洲四小龍最風光的年代。但根據經建會的統計，台灣企業的平均壽命只有十二年左右。這數字給了我很大的警惕。連國外的五百大企業，都會在十年內消失三分之一，更何況我們這種名不見經傳的小公司。可是，從沒有人教過我任何企業生存之道，所以我只能努力的「做中學」，不斷的從別人的案例中汲取經驗，一步一步增強自己的實力。

「想法可以產生力量」。只要努力，成功的果實自然會慢慢向自己靠近。我在自己的人生中，越來越有這樣的體會。

轉戰內衣市場

決定往內衣褲市場發展之前，我做了很多年的市場評估。每個星期六、日，全台由北到南，馬不停蹄的穿梭在各地的大小賣場、百貨公司、小型百貨行或傳統市場中的內衣攤子，到處收集資料、隨機市

施純鎰的真心話

做生意一定要眼觀四面、耳聽八方，要懂得加減的哲學，也就是成本和利潤之間的遊戲。

調，以了解消費者真正的需要，為即將推出的內衣新產品做最充足的準備。

民國八十八年，強調「舒適、健康、質精」的三花全系列內衣褲正式推出了。強打百分之百純棉的品牌印象，一下子就受到消費者的注意，即使價格高出三成，還是抵擋不了消費者對優質產品的喜愛。當然這應歸功於三花長久以來，在襪子、毛巾等產品的長期經營下，培養出消費者對品牌的忠誠度。

靠「平口褲」打下漂亮一仗

「三花內衣」一役贏得漂亮，重點還在於出奇制勝的「平口褲」帶來的好運，它也成為三花往內衣業札根的試金石。

民國八十九年，三花推出全國第一件五片式裁剪平口褲廣告，隔年再推男用內衣，才三、四年的時間，便取得三十八個品牌中的NO.1，搶下七成高級品的市占率。

►「五片式平口褲」是三花棉業改變國人內著習慣的一大躍進。

平口褲的開發，其實來自兩個契機。一是日本醫界曾發表過的「三角褲太緊，透氣度不夠，有礙生育」的報導。二是小時候在廟口，很多歐吉桑穿平口褲那種涼快舒服的感覺，帶給我的靈感。

早期歐吉桑穿的平口褲，花色不是白色就是水藍色，布料又粗，銷售量只占當時男用內褲的百分之一。因為看到那百分之一，讓我覺得它有變成百分之十，甚至百分之三十五的可能，便決定一試。果然推出第一年就拿下三成的市占率，再次證明差異化策略得以成功，憑藉的還是專業的基礎。

在此之前，台灣男性慣穿的三角內褲，都是棉和尼龍混紡的材質，而具有解放感的平口褲，卻常因為是四片式剪裁的設計，使內外褲間因不夠平整而產生不舒服的感覺。這也正是「三花」內褲能衝破重圍的關鍵。開發出五片式立體剪裁平口褲的設計，多了一小片，舒服度卻提高許多，更符合三花永遠希望給消費者最好的、最舒服的產品的堅持。

施純鎰的真心話

雜亂無章的庫存品，一經分類整理後都是一堆堆的金礦。

這款平口褲，設計的重點是在大腿內側加縫兩片縫份，採三角收邊設計，可避免褲管向上捲縮，行走的時候維持平整，運動時也保有寬鬆的空間；同時注意到褲檔深度的考究，排除夾檔困擾，以符合人體工學設計。許多設計上細微的部分，可以從觸感、布面纖維光澤上及棉質的質地中察覺出來，連一向讓使用者介意的褲頭，也採用超細棉鬆緊帶的設計，穿起來輕柔服貼無勒痕。因此不僅深受男性喜愛，許多年輕女性也喜歡當作居家褲來穿，因為真的舒服、透氣又好穿。

日本人的內衣只穿十六次

基於長年向日本取經的經驗，我特別注意日本人對內衣的要求及消費習慣。通常他們一件純棉製品，平均穿十六次後就會淘汰，台灣消費者雖沒這麼高標，但對穿著舒適的要求還是很高。所以推出純棉內衣是我的想法，也是我攻下新市場的秘密武器。

做生意不只要有眼光，更要有長期經營品牌的決心，其中，道德觀念最重要，這是對消費者的誠信問題。三花內衣褲市場可以在短時間內衝出第一品牌的名號，就是來自消費者對三花的信心。因為一向本著道德良知在做生意，而且在「高品質中價位」的微利理念下，成長速度自然驚人。

講到純棉與否的成分占比問題，多數民眾皆不清楚其中的差異，我很樂意藉此機會稍做說明。以目前的業界來說，其他廠商多仍維持七成棉加三成聚酯纖維的比例，可能是五十多年來都習慣了，所以不敢改變，也可能是比較耐穿，能幫消費者省下荷包的關係。

相較之下，穿三花生產的內衣則每年都需替換，因為純棉雖然穿起來舒服，但還是有鬆垮與用久棉度不夠且易破的問題。但由銷售的占比得知，台灣消費者的生活習慣已大為提升，懂得什麼才是最舒服、最好穿的優質內衣。

施純鎰的真心話

「量大、利小、利不小」，說穿了，就是薄利多銷。

重視細節造就好口碑

這款純棉內衣褲系列，選用的是當季產的百分之百長纖精梳棉，不僅質輕、觸感柔順，韌性又好；而且從前置原料的染整、抗縮處理及彈性耐用的程度，要求都在國際水準之上。

另外，三花純棉內衣亦極富彈性，是機器的特殊織法，克服了鬆垮不夠服貼的問題。在設計上，也分別背心、短袖、長袖內衣等款式，方便消費者選擇。

單由一個厚棉長袖內衣的九分袖的設計，即可見我們的用心，剛開始有消費者反應，「不大習慣怎麼袖子好像短了一截，不過穿久了，反而喜歡上這種設計。」

而且我們也有自信，即使內衣多次下水，仍能回復原來的彈性度，不容易起毛球，領口及袖口收邊的雙層加工，可經多次洗滌仍緊實不鬆脫。這些都是小細節，卻也是為三花贏得口碑的要件。

「專業」是最大資產

福特汽車創辦人亨利・福特曾說過：「世界上最有價值的就是專業。」我非常認同這句話。

台灣製襪工廠的發展，從三、四〇年代光復初期的一、二十家，到八〇年代最鼎盛時期的一千兩百家。當時光是台北縣市的小型襪子家庭代工廠就有二百多家，多半集中在三重及板橋一帶。但不過十多年的光景，便淘汰到僅存一百多家。而能夠從上游生產到下游行銷一貫作業的，則只有「三花」一家。

專業是無價之寶，也是「三花棉業」成立近四十年來的秘密武器。因為專業，我知道該淘汰哪些襪子、消費者喜歡哪類新產品、可以從哪裡取得最適合的棉紗、生產後該如何銷售……，不管哪一個關卡，取決於最後勝負關鍵的都是「專業」。我不敢說自己是全台灣最懂襪子的人，但若說我是全台灣摸過、穿過最多種類和品項的襪子的人，應該沒人會反對。

四十年來我幾乎天天換穿三次襪子：早上穿休閒襪出門；運動時穿運動襪；上班時再換成紳士襪。而且時時刻刻用心體會穿著不同襪子時的感受，把感想和心得記錄下來，做為改善品質的依據。直到現在，都還維持這個習慣。

我一路從擺販、小批發商、中盤商、大盤商到開工廠的過程，都在累積經驗和本錢，包括設計、管理、行銷、採購及人事，都是專業的一環。早期多是土法煉鋼，多看多問多想、請教別人或觀摩國外企業的做法，都為我奠下成功的基礎。

曾有朋友問我：三花的襪子已是業界第一，你還追求什麼？對我來說，不管是業界第一也好；是別人口中名實相符的襪子大王也好；第一名不代表市占率的飽和，銷售第一或品質第一也不代表就沒有改進的空間。總之，求好是我的原動力，也是我永遠追求的目標。

施純鎰的真心話

唯有堅持品質，才是薄利多銷的根基，才是長利所在。如果價位合理而品質普通，那麼長利也會變成短利。

「想像力」是創新的起點

放眼歷史長河，四十年一晃即過，但對於一家獨資的企業而言，四十年已超過人生的一大半，能歷經四十年的歲月而生存下來，表示已經通過了時代變遷、市場消長及消費者的考驗。而「以人為本，以人為師」的考量，更是我維持事業永續經營的主要動力。

在我的腦海裡，一直映著一雙頂級襪子的影像，一闔上眼，完美襪子的影像便自然浮現，它不斷驅使我突破再突破、創新再創新，至今它仍是「三花」的緊箍咒，讓我一刻也不敢鬆懈，隨時敦促著「三花」的進步。

無時無刻都在動腦，是我創意的發條，也是我個性中鮮明的一部分。很多產品的創新及改良，都是我在睡不著的時候想出來的。我覺得「思考和想像力，是我夢想及創新的起點」。整天腦筋像個陀螺般轉個不停，凡事都以最周延、最有把握的方式進行，也往往得以先馳得點，搶到大餅。從事製襪業近四十年，看同業間不斷的開工廠，也

施純鎰的真心話

不二價策略是我的成功之道，與其在價格上殺價競爭，不如花功夫在品質及服務上，反而更有利基。

不斷的結束營業，主因在於他們仍抱著守成因循的態度。我可以安然度過，是因為我一直都有「不斷創新」的理念。就像愛因斯坦說的：「沒有思考就沒有創新；沒有創新，世界也不會有任何的改變。」

做和別人不一樣的

現在常聽到的「市場區隔」或「同中求異」這些說法，說得容易，執行起來可不簡單，得有魄力、實力、野心和眼光……。想賣特殊性的商品，得有找原料的能力或不同的進貨管道，缺乏人脈無法成事，不夠靈活也不會有好效果。

消費的法則不外乎創造需求與滿足需求之間的競爭，而我使用的是差異化策略，追求品質是我創新的動力。從事批發時由產品的消長中，我很清楚好品質的商品一直有固定的銷售量，只要抓住消費者的需求，價位不是問題。掌握了純棉的製品是未來趨勢的主流，順著純棉的軸心發展，三花硬是在幾大老品牌的競爭中勝出了。當然幾波廣告行銷的推波助瀾下，三花確實穩據一方天地。成功當然不是偶然，是專業加上一些時機相輔相成的結果。

我不會被既定的觀念或做法綁住，永遠都在挑戰創意。而且我有信心，消費者只要穿過三花的襪子，就會念念不忘，甚至上癮。

採用純棉製品，也是為了落實環保概念。從早期頗受歡迎的尼龍材質，到現在的高科技化纖原料，都有永遠不破不爛的特質，埋入地底後就和塑膠袋一樣，無法為土壤及時間所消化，永遠遺毒地球。而純棉製品就沒這個問題。因此幾乎三十年來，三花的產品都朝全棉製品發展，雖然成本高，但由業績的年年成長，也顯示消費者是站在我們這一邊的。

在幾波受到關注的廣告背後，我們想訴求的是「三花」信守對消費者的承諾。我們不做短線打帶跑的生意，從第一次做了廣告的休閒襪，至今仍是長銷的基本款。例如：民國六十八年生產的紳士襪四〇〇號、七十一年生產的休閒襪七〇〇號、七十二年生產的運動襪九

施純鎰的真心話

買原料或附屬品時，我也不會殺價，只想找實在的廠商，生意才會長久。

五〇號以及七十五年的學生襪七五號等，都是維持幾十年來長銷不墜的長青襪款。

而且這些產品也非一成不變，當有更細緻的技術或材質上的些許差異出現時，我們馬上跟著微調，所以即使是同一款的襪子，也都經過好幾代的改良，雖然消費者不易察覺這些小地方，但我一直深信，細節差一點點就差很多的道理，一些細部的微調，其實都大幅度的拉開和競爭者之間的差距。幾十年過去，事實證明消費者是聰明的，而三花對於品質及創新的堅持是對的。

為做出好襪子把關

人類最敏感的部位是手指指腹，所以任何棉紗，只要讓我一摸，馬上可以判斷品質好壞，而且八九不離十；我的雙腳也是，一穿上襪子，就知優劣。而我的指腹會比一般人敏感，除了天生的敏感度，更多的是我多看、多問、多摸、多揣摩所累積而來的經驗。

棉紗一斷，光聽聲音，就知纖維好壞，「脆」或「韌」的聲音聽起來都不一樣：脆聲表示纖維太硬，韌聲代表纖維太軟。而棉紗扯斷時，聽起來同樣有脆聲，但是有彈性或缺乏彈性的脆度，聲音的表現又不同。產品不同，需求棉紗的脆度也有差異，所以能分別出棉紗原料的好壞只是第一關。

又如棉質紗，最常聽到六十支棉或三十二支棉，而棉質也有長短纖維之分，而纖維的長短、粗細及好壞，都不是絕對的。能因應不同訴求功能的襪子、找到最合適的原料，才是本事。這種專業的累積，都不是一兩天的事，關關都是學問，專業的複雜度，絕對超乎一般人所能想像。

而當季的棉一定是比較漂亮的，因為纖維也是有生命的，越久越硬，舒服程度也會降低。所以我一定選用當季的棉做為原料，這樣才能製造出更舒服的產品。

施純鎰的真心話

> 即使是送贈品也必須具有競爭力，方能展現出附加價值。

比成衣更細緻的製襪技術

人的一生中，平均要走十六萬公里的路，等於一天至少五千二百公尺，但我們對這雙勞苦功高的腳，可曾好好注意或寶貝過它們嗎？襪子堪稱「腳的內衣」，而且還要長時間包裹在鞋子裡，品質好壞與否足以影響穿著的舒適感，但它在貼身衣物品項中，卻最常被忽略。

憑著四十年製襪經驗，我比誰都在乎足部的健康與舒適，而每一種襪子都會因功能性而有不同的設計。以廣受歡迎的「紳士襪」為例，主要原料是棉質，鬆緊帶則由天然橡膠製成，經過耐酸及耐油處理，可以預防血液循環不良及防止過敏性皮膚因長時間緊束而帶來的不適。「運動休閒襪」則是以棉紗和特殊材質spandex襪品專用彈性紗交織，經長時間洗滌都不會變形；而且運動襪採特殊毛巾底織法，讓底部棉質增厚，可預防運動傷害，如此設計具有防震效果，吸汗力強外，又舒適透氣；而緹花的休閒襪特殊織法，則是為了提供更完美的外觀。

▶三花運動襪的推出，掀起市場上土洋大戰的熱潮。

做襪子耗工、損耗率又高，如能做到降低損耗率的比例，就是一種進步。像一般襪子的損耗率如果在十五%左右，我就可以控制在十%，無形中就多出五%的利潤。目前，我使用了比別人更好的機器及專用紗，更可以控制在二%以內，甚至低到一．五%。

襪子、毛巾及內衣的選擇與保養訣竅

襪子除了保暖，還有保護足部健康的功能。我們在一天當中，除了睡覺，足部長期悶在封閉的鞋子裡，很容易出汗，而純棉襪具備了吸汗及彈性的特質，穿著又舒適，可以充分改善悶熱不透氣的缺點。

還有，一般人可能不知道，人體只能允許小幅度的體溫變化，若體溫降至攝氏三十五度，走路就會不穩。以往，我們總以為只要身上穿暖和些即可，事實上，有時一雙襪子遠比一件背心還來得保暖。

足部容易出汗的人，建議可穿五趾襪，五趾分開的設計，可以讓每個腳趾頭都能獲得自由的舒展，相對也比較衛生。運動時，為減緩

施純鎰的真心話

不少廠商習慣將庫存或過季商品當贈品來清倉，這是很冒險的。當產品賣相不佳，卻因清倉而當做贈品，不但無法帶來業績，還會造成反效果。

足底的跑跳壓力，毛巾襪底的設計，也有緩衝壓力及充分吸汗的好處。冷天時的保暖，毛巾襪底的設計，也是最佳選擇。

不管襪子或內衣褲，我們都會建議先洗過再穿，比較衛生。而強調方便穿脫的免洗襪、免洗褲，站在專業的立場，我們並不鼓勵。因為免洗襪和褲都是做好了再漂染，厚度很薄，且缺乏彈性，品質並不理想。

「用心」是成功的秘訣

累積六十年做生意的經驗，我看過太多的例子，可以確定的是，一個人若想成功，一定要努力；不努力，肯定不會成功。我很幸運的是，在商場上的時機對了，也適時的抓住機會、創造機會。

我的人生過程，可說就是做生意的過程，不是學習別人，就是自己思索、不斷嘗試。不少朋友都說我很有做生意的手腕，其實早期從事批發業務，天天接觸的都是開店的老闆或是經銷商，久了也漸漸琢磨出做生意的竅門。

相形之下，以前的人好像比較有人情味。稍微對別人好一點，他們對你的事情就特別熱心，當成自己的事在處理。現代人的感情比較淡薄，只有少數人懂得分享與感恩。自己當老闆之後，和經銷商依舊維持很好的關係。我較重人情、道義，比起一般就事論事的行事風格，多了一分圓融的情感因素，這不是光憑帳面上的數字就可以下定論的。不過時代不同了，做生意不能僅靠手腕，更重要的是本事，生意手腕只能加分，長期專業的投入及觀察，才是致勝的基礎。

用心做生意也是我成功的秘訣，我無時無刻在動腦，希望生意可以突破重圍。譬如：進貨時，我懂得反向操作的概念，清楚季節變化時，商品銷路好壞的循環。以前的人，都是在節日時才有消費的理由，像兒童節，兒童褲襪及領結的銷售量一定倍增；雙十節和光復節，也是購買各種用品的旺季；過年時，各式襪子、毛巾、內衣褲或皮帶等的需求量也很大。我會事先準備，在夏天買冬天的貨囤著，此時批貨價會有更好的折扣，那個年代也沒有當季、過季的問題，當很多人都批不到貨時，我貨源充足，利用過年時銷售，可以比平常多十倍的業績。雖然賺錢讓人高興，更讓我開心的是結果和自己預期的一樣，那種做對了的感覺，正確掌握市場脈動的判斷，比較起賺錢來，絕對是更大的快樂與成就感。

在細節處找利基，利更大

處在瞬息萬變的商場中，一定要知時能變，才不會因變動不及而隨波逐流，迷失定位及方向。「凡事用心，結果自然不同」是我常掛在嘴邊的話。我知道做生意的「眉眉角角」，看得見一般人，甚至是當事人也看不見的細微處，因而也看到別人看不到的利基與價值。

大概是民國五十幾年的事了。有一次由基隆入關的兩個貨櫃泡了水，導致整櫃的鬆緊帶都泡了湯，貨主以為全完了。但看在我的眼

施純鎰的真心話

對我來說，該花的錢一定花，但不該花的，一毛錢、一張紙，我都要省。

裡，它們還是很值錢的商品，就以非常低的價錢買下來。我花了很多時間，細心地將所有外層泡了水的鬆緊帶全部剝掉，裡面的還完好如初。因為是日本進口的「鴿牌」鬆緊帶，質感佳又有知名度，我有把握絕對賣得掉。果然沒多久，兩貨櫃的鬆緊帶運到中壢、竹南後，很快的銷售一空。這是我一生中最特別的銷售經驗，全憑眼光、嗅覺、市場熟悉度和勤快，那種為自己叫好、自我肯定的感覺令人難忘。

懂得做生意絕對是實戰經驗的累積。對於買賣，我覺得「實力比學歷重要」。看似簡單的買賣中隱藏著許多訣竅，很難教給別人，甚至連兒子們跟在身邊十多年了，也不是那麼容易可以學得會的。訣竅處每每也是蘊藏看似細微而巨大的利基所在，如不是由基層一步步打底，很難摸索出來。

做生意一定要眼觀四面、耳聽八方，一定要懂得加減的哲學，也就是成本和利潤之間的遊戲。以批發商品為例，如果無法提高售價，那麼降低進貨價格，同樣可以找到獲利的空間。因為熟門熟路，我的

施純鎰的真心話

> 由處理退貨中，知道消費者喜歡哪一類的產品及花色，可提供下次生產時參考，也是市調的好機會。

消息非常靈光，例如：一知道哪家襪子廠商倒了，馬上就到廠商處「包貨底」切貨，將所有的貨品全部吃下來，然後再慢慢仔細整理。所謂貨底的庫存品，常意謂品項差異度高、內容混雜，必須經細心分類，再販售給不同等級的零售管道。一般做批發生意的人，都喜歡一轉手馬上有利潤的好差事，處理庫存品的確需要花更多時間，但相對的利潤空間卻比轉手利潤來得高。雜亂無章的庫存品，一經分類整理後都是一堆堆金礦，雖說是利潤不錯的生意，也必須勤快的投入，因此也不是每個人都賺得來的。

擁有自己的工廠後，當原料成本無法降低時，我會從別的角度降低成本，但絕對不降低品質，因為品質是做生意最大的資產，也是決勝負的關鍵。生產襪子有一定的損耗率，在技術或機器成本都無法突破時，就必須由其他部分攤低成本。

像工廠草創時期，當別家廠商為裝襪子買一個十元的紙箱時，我向其他成衣工廠買裝過衣服的二手紙箱，一個只要一、二元，用紙箱只為運送方便，完全不影響襪子的品質，可是成本比別家足足少了四倍，省下不少的紙箱錢。當然現在的紙箱都是標上「三花棉業」的專用紙箱了。

在紙箱上，我精簡成本，但對襪子本身的品質卻是不打折扣的，絕不偷工減料。我做襪子這麼多年，想的都是如何讓消費者穿了第一雙三花的襪子後會繼續再穿第二雙，我不想只賣一次，只做一次生意，而是讓消費者成為三花永遠的愛用者。

量大、利小、利不小；量小、利大、利不大

做生意講究的是數字，但如何讓數字變得有意義，卻不是三兩句話就可以說得清楚的。簡單的說，就是量大、利小、利不小；量小、利大、利不大，真正懂得做生意的人都懂。像量大、利小、利不小，說穿了，就是薄利多銷。

施純鎰的真心話

我做生意就是現金交易，商場上的習慣，現金退三%，這三%就是利潤的一部分。

舉日本或美國的襪子為例，美國的高級名牌襪，一雙台幣二千元的襪子只占百分之二，四、五十元的襪子占最多，約有七成的市場，而一、二百元的襪子占二成多；日本人比較重視穿著，一雙一、二千元的襪子約占百分之十五。由這些占比看，不難了解因為量少，單價再高，總體利潤還是有限，不如量大而價位雖低，整體利潤反而高出很多。

世界名牌的襪子，單價高但賣得不多，國內有不少襪子的代工廠，都願意接受名牌代工的單子，即使只有一百打的量也接單。假設有品牌的襪子一雙市價五百元，我所生產的襪子，一雙賣一百五十元，但量可能是其他品牌的十倍、二十倍，總利潤算起來一定是比較高的，這正是量大、利小、利不小；量小、利大、利不大的實例。

不過，我不只是追求利益，為了確保微利時代的需求，品質還是最重要的利基。唯有堅持品質，才是薄利多銷的根基，才是長利的所在。如果價位合理而品質普通，那麼長利也會變成短利，畢竟消費者

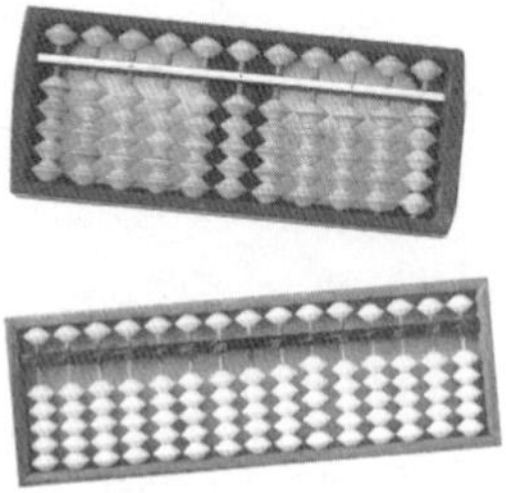

▶儘管物換星移，算盤仍是施純鎰最得力的業務夥伴。

的眼睛是雪亮的，多希望花一分錢，卻有二分錢的價值。

為了讓產品走向「高品質中價位」的路，有許多投資是必要的。不管行銷多強，產品本身的品質才是最重要的，就像很多餐廳，總是不斷強調裝潢、噱頭，也懂得宣傳做廣告，但卻菜色不佳，消費者來過一次就不會再上門了。畢竟經營餐廳，食物好吃是前提，其他都是附加價值。同樣的，襪子的品質是「三花」的根本，捨本逐末的做法是撐不久的。因為「三花」棉襪的品質好、接受度高，所以做平口褲的促銷才會有效，接著再帶出內衣的市場，因為品質有保證，同樣能取得消費者的信任。

同款襪子若能持續二、三十年長銷，累積的量是很可觀的，所以即使量大、利小，總計的利還是不小，這就是我的薄利多銷的哲學。這些銷售經驗，在在印證了我「量大、利小、利不小；量小、利大、利不大」的經營心得。日本「花王」化工產品的市占率達八〇%，行銷方式就是好品質相對低價的策略，也就是「好東西便宜賣」的概

施純鎰的真心話

我做生意的訣竅，就是「以人為本，以人為師」。

念，雖然例子不同，但原理一樣。

進入微利時代，產品得要大眾化才有利基。尤其是量大，集中襪款而不傷品質的生產方式，對降低成本尤有成效；當然製造差異化的特色產品更是重點，但無論如何，高品質中價位的產品，才是競爭下的常勝軍。

「不二價」的原則

經營工廠至今，我一直都走不二價的策略，全國統一價格、統一佣金，這是我的原則。但是該堅持該照顧的，我自有打算。舉例來說，如果經銷商一年持續買我三百萬元的產品，有二、三年的往來之後，因為周轉困難而倒帳，我都認了，支持他，不再追究。如果不是正常營運的經銷商，我也會取消他的經銷權。

產品的差異化，也是支持不二價的方式，以及做生意容易成功的關鍵。與其和其他廠商在同一產品上較勁，雙方只會打價格戰，不如另闢蹊徑，給消費者新的選擇，從中造就了自己的利潤空間。

不二價策略是我的生意之道，大小客戶都覺得我很公道、值得信任。與其在價格上競爭，不如在品質及服務上競爭，更有利基。同樣的，買原料或附屬品時，我也不會殺人家的價，只想找實在的廠商，生意才會長久。而且不只做生意不能欺騙消費者，做人也應誠懇實在，對消費者、經銷商，都真實的反應成本。

大概從民國六十五年開始，「三花」漸漸有一定的品牌知名度了。而大約在民國七十二年到八十五年之間，經銷商什麼牌子的襪子都賣，無論給他們多少利潤，也無法滿足他們，而三花又是大宗品項，經銷商不能只賣其他而不賣三花的品牌，所以我把給經銷商的利潤，控制在一定的範圍內。

但民國八十五年以後，情形改變了。「柑仔店」一家家收，統一超商等連鎖店不斷的取而代之，連鎖量販店的家數也不斷在擴充，連帶的經銷商的經營模式也改變了，成本增加很多。從這個時期開始，

施純鎰的真心話

不二價策略是我的成功之道，大小客戶都覺得我很公道，值得信賴。

只賣三花襪子的經銷商，業務員一請就是五人、十人，不然生意無法做大。我逐漸將經銷商的利潤調至十五到十八%，想辦法給經銷商利潤，再搭配其他的行銷方法，像提供送贈品的折扣，讓贈品也是可變現的商品，再回饋給經銷商，實際利潤提高到二〇%以上，讓彼此可以共存共榮。

大家看我做生意好像很在行，但每一次新產品推出時還是戰戰兢兢，沙盤推演再推演，務求達到最好的效果。民國九十六年的春節假期長達九天，我集中精神在想新的促銷方案，最後決定「買內褲，送內衣」的新構想，也是為了搶市場的配套措施，即使是送贈品，贈品本身也要有競爭力，展現贈品的附加價值。在商言商，送贈品是投資，也是一種廣告促銷的手法。我知道不少廠商習慣將庫存或過季商品當贈品清倉了事，這麼做其實很冒險。因為產品若已賣相不佳、缺乏吸引力而滯銷，卻為了清倉而當做贈品送出去，有時不但無法為新品帶來業績，還會造成反效果，得不償失。

我的做法是，以人氣商品平口褲，搭配內衣贈品做促銷，在限時的三個月內，優惠經銷商訂貨送贈品，訂越多、送越多。對經銷商而言，內衣雖是贈品，也可以單獨販賣，好像無本生意般，自然大力促銷。在經銷商配套促銷下，消費者有機會試穿到好品質的內衣，內衣贈品在消費者不穿白不穿的心態下，肯定會試穿。這是一個大膽且利潤低的銷售策略，但我們有自信，消費者一旦試穿了，會因為好穿而上癮，等於再開拓另一批具潛力的愛用者。

零庫存的經營哲學

很多人都說，做生意哪能沒有一點存貨或留下一些庫存，但我就是可以做到「完全零庫存」。因為每一雙襪子都有利潤，讓它閒置在工廠或是倉庫中，都是一種損失，即使只剩一雙，也要想辦法賣出去。這當中有很大的部分是潔癖的個性使然，我見不得家裡有一點點

施純鎰的真心話

消費者教我他們需要什麼、喜歡什麼：是我生產襪子的老師，消費者決定了產品的生命。

亂，當然也不會讓工廠雜亂無章。亂，是管理上的亂源；既然要不亂，整理是唯一的辦法。一刻也閒不下來的我，每隔一段時間總要清清倉庫，讓所有的東西都歸位，一目了然零死角。所以當同業說忙到無法管庫存或清倉庫時，看在我眼裡，都是管理不及格的表現。

早期市場上那麼缺貨，常有供不應求的現象，怎還能容許有庫存。而且只要有庫存，就代表有閒置資金，我不會讓這種事情發生。即使業務量已達到一定的規模，早就沒有資金壓力了，我仍然堅持對庫存一定要清清楚楚，庫存不清楚就是管理死角。

以公司的立場而言，沒有存貨，工廠管理可以更透明化，也減少資金押在庫存上。當然，如果當初眼光精準一點，估量詳實，也是減少庫存的一種方式。

民國六十一年到七十年這段期間，公司所有的退貨都是我自己處理，常常一忙就是一整天，從半夜三、四點，一直到晚上七、八點才收工。但我喜歡處理退貨，當時用來綁紙箱的草繩，我從不用剪刀剪，因為那太慢了，只要「角度」對了，一用力，馬上就斷，一個個箱子應聲而解，又快又俐落。

由處理退貨中，我知道消費者喜歡哪一類的產品及花色，可提供下次生產時參考，也是市場調查的好機會。另一方面，將所有退貨集中也可再次調整出貨內容後再賣出去。

零負債、零借貸

很多人問我，為何可以做到這點？當然零借貸的資金都是長期累積下來的。當工廠運作越來越順利、公司越來越賺錢時，我就越忙，越忙就越沒時間花錢，當然就存下來了。目前在大陸的設廠投資，也是秉持這套不貸款的原則。

一般人如果有四元，就會想做十元的生意，我是那種有一百元，只會花十元的人。對我來說，該花的錢一定花，但不該花的，一毛錢、一張紙，我都要省。

施純鎰的真心話

我的一生中只有危機，沒有失敗。這是我對自己的事業及人生所下的註解。

在馬拉松式的競賽中，保持體力是最大的本錢，比之企業的經營，可長可久的事業是我的目的，自有資金的充裕好比是我的體力，因此我很重視財務結構的健全，一時的躁進很容易壞事。還好早期的刻苦經營，為往後三花的發展，培養了最好的財務體質，這也是三花朝產業多角化經營的實力。

長期以來，我做生意講求現金交易，商場上的習慣，現金退三%，這三%就是利潤的一部分，也成為買下一筆原料的本錢。可別小看這三%，有的生意盡賺也只有這麼點利潤而已。

不單是現金退三%的利潤原則，目前商場的競爭非常激烈，公司獲利不易，一般公司大致都將管理費控制在成本的十八%左右，如果我可以控制在十五%內，不是又多了三%的利潤？

度過最難過的資金調度歲月，當工廠開始有不錯的利潤之後，賺的錢也都守了下來。這些資金，後來陸續都在「三花棉業」的事業擴展中，立下汗馬功勞。

創造無數個「第一」

由我經營襪子生產的歷程，可以見證台灣棉業的發展史。

很多人問我做生意的訣竅，我的想法很簡單，就是「以人為本，以人為師」。消費者是我做生意最大的後盾，也是我的老師，是消費者教我他們需要什麼、喜歡什麼；是我生產襪子的老師，消費者決定了產品的生命，我能做的，就是盡可能找到最好的材質、最好的設計，以大眾化的價格，來充分滿足消費者的需求，如此而已。

四十年來，我在台灣襪界不經意創下數個第一。第一家成功的台灣本土自創品牌；第一家全面使用日本機器、原料紗、鬆緊帶；第一家生產百分之百純棉襪子的工廠；第一家在工廠中裝置冷氣的襪子品牌業者；第一家為襪子做廣告的公司；投入內衣褲行業後，製造出全國第一件五片式剪裁平口褲，及生產全國五十年來第一件百分之百純棉內衣的廠商。

大約在民國四十五到七十年左右，正值台灣經濟從起飛，到邁入

施純鎰的真心話

工作，不是光想著領一份薪水而已，一定要有目標，投資自己的專業，即使起步晚，也要看得到未來，付出才有代價。

最穩定階段的時期。民生用品活絡，也是百貨業最蓬勃的年代，我正好搭上這班順風車，見證了「台灣錢，淹腳目」的榮景。台灣的進步，也贏在勤快、聰明及厚道上面。早期曾接觸過上海人，現在也接觸大陸員工，覺得他們能說善道、口才很好，但常常做不到，容易推卸責任，理由很多。

台灣的經濟進步，由過年過節期間消費習慣的改變，可略知一二。從以前每逢過年就得「穿新衣、戴新帽」，到如今隨時都有能力添購新衣新襪來看，台灣人是越來越平常心，也越來越富裕了。三十多年前到高雄出差，一趟車總要坐上十三小時，現在搭高鐵卻只要一小時四十分鐘，差異之大，讓人一想到台灣三十年來的進步，就不得不感到驚訝。

至今，「我的一生中只有危機，沒有失敗」。這是我對自己的事業及人生所下的註解。目前，台灣高級襪品中，三花約占七成左右的市場；毛巾生產也屬頂級，一條毛巾定價約二百四十元；內衣也占國內七成以上的市場。往內地發展內外銷市場，是三花目前業務拓展的下一波重點。

接下來，「三花棉業」也會往運動衫T恤、女用內衣及童裝領域發展。我們對市場的策略一步一步開拓，在穩健中求發展，而人事、管理及業務等，也會跟著產品調整更趨一致。俗話說「吃緊攏破碗」，我選擇穩紮穩打，一點也不想貪心求快。

貫徹走動式管理

「勤能補拙」一直是我奉為圭臬的真理。早年跑業務時，天天拜訪新舊客戶，我就靠著老實和勤快，完成很多不可能的任務。後來開了工廠，為了徹底解決技術師傅擺譜及機器運轉不順的問題，整整睡三年工廠的日子，總算有了代價。漸漸的我才知道自己原來就是專家眼中「走動式管理」的實踐者。

施純鎰的真心話

年輕人不要怕跌倒，能夠越早跌倒、越早得到經驗，沒什麼不好。

說到管理，其實管事難，管人更難。早期工廠都有供宿，工人下班回宿舍時，多少會順手拿幾雙襪子回去。所以這可說是當年工廠管理上的一大問題，一旦處理不好，工廠很容易因經營不善而倒閉。

公司的經營管理，重在「專心」和「專業」。凡事一目了然，公司自然上軌道。用對人更重要。我有今天的成果，是忍耐力、控制力、自制力和毅力總合應用的結果。當然，對員工要客氣，該給的福利一定要給，該要求的，也一定要求到底。以用人為例，我不會用能力很強，但忠誠度不夠的人；光說不練的人也不要。

重速度更重細節

「三花」在三十多年的製襪經驗中，都盡可能以自動化的機器取代人工，把品質控制在一定的水準，也摸索出每個廠在一百人上下與八名管理者的結構，是最理想也最具成效的模式，管理者低於八人則無法有效管理。目前大陸廠也採同樣的管理模式，這也是全面自動化的未來趨勢。

目前，三花在山東設廠，專攻外銷市場；韓國及馬來西亞的工廠，則和日本人合作，同樣以外銷為主，也供應台灣內需市場。在台灣的工廠由於機器自動化的結果，需要的人少，產量又多又快，目前襪子的年產量都超過千萬雙以上。

針對廠務管理，我認為安靜也是一種優良的工作品質與環境。所以作業中盡量以不交談為原則。在辦公室的同事也一樣，除業務需要，盡量保持不閒聊的工作氣氛，以免干擾到別人。

我做事的積極態度完全反應在速度的管理上。早在五十多年前我從事批發業務開始，就非常重視送貨的速度，只要訂貨單一來，當天派送，最慢隔天也一定可以到貨，除非是南部訂的貨，才需要兩、三天時間。

施純鎰的真心話

我有個優點是「勤問」，很願意請教別人。學會了，本事就是自己的，誰也拿不走。

用心比能力更重要

累積四十年的創業經驗，我已自行摸索出一套用人哲學。

以下四個類型，就是我用人的標準——

一是動手的人。例如：基層員工。只要給他一套標準作業流程，經由訓練，假以時日，這類苦幹實幹的員工，在工作效率上一定會有更好的表現。

二是動手和動心的人。有的人只是一股腦兒的做，有人還會再多用點心，速度也快些，未來的機會自然也會多些。

三是動手、動心和動腦的人。屬於中階主管人才必須具備的工作能力及態度。

四是動手、動心、動腦和動口的人。這是身為高階主管的決策管理人必須具備的條件。

在人事任用上，我在意對方的心比對方的能力更重要。選擇的主管一定要具備積極、主動、自我管理的特質。落實在更具體的標準，

▶在員工的遴選和拔擢上，施純鎰自有一套用人哲學。

則又包括務實、認真與向心力。

以前我用女工，擦指甲油的、染了頭髮的、穿得太時髦的都不用，因為我覺得愛打扮的女工，常會無心於工作上。但現在，擦指甲油、染頭髮，都很稀鬆平常了，所以我的許多用人的標準自然也得與時俱進，否則就顯得自己太墨守成規、老頑固了。

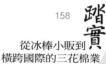

用人不要牽親引戚

意思是，我不希望公司裡面有兄弟檔、姐妹檔、夫妻檔或其他任何親戚關係的員工。理由是為了避免結黨的情形產生。當然這也是因為曾經有過慘痛教訓，造成一人離職、眾人隨之出走的狀況，之後才立下這個規定的。

通常我任用一個人，只要相處、觀察後覺得不錯，就會完全信任對方。例如：公司目前在五股的總部，就是由設計師全權負責的。我覺得他個性踏實、態度誠懇，便放心的全權委任。所以總部從開始到

施純鎰的真心話

在用人準則上，我認為對方的心比對方的能力更重要。

完成的三年之中，我總共才去看了三次。如果我事事插手，不但對專業不尊重，自己也會分心，無法全心投入在自己的本業上，絕非明智之舉。

由動作、穿著、舉止看人

我有一套用人哲學，也領悟出一套自有的觀人心得。由動作、穿著、舉止及說話的神情，來推斷一個人的個性及想法，大致相去不遠，也很有趣。

以女孩子選對象為例，我常建議女性晚輩，不妨以「三氣」為考量重點，也就是大氣、骨氣和志氣。

大氣指的是心胸和度量。這需要時間培養，我也是經過幾十年的學習，才漸漸變成比較有度量的人。譬如：元老級同仁洪副總對公司很忠心，比較「敢言」，這也必須是我有度量，才能接受。心胸寬大與否，厚道及善良，都是可以由互動或是處理事情中看出來。

骨氣代表著忍耐力、控制力及自制力。忍耐力是指要包容別人和自己之間的差異。控制力是控制自己的情緒；自制力則是判斷何事能做，何事不能做的定靜能力。

志氣，是一種堅持的勇氣。想做的事，只要確定是對的，就絕不妥協。我做生意絕對不二價，也不讓人出價。既然有此原則，努力堅持就是一種志氣。

由日式到美式管理

成長到這個階段的「三花」，公司規模已經擴大到不能再以傳統產業的方式來經營。公司配貨量大、出貨量也大，要更有效率，就必須要有專業經理人團隊來協助，於是我開始引進美式管理。既然決定要交給專業團隊經營，就得讓公司制度化，然後慢慢授權，藉助新的美式管理風格，讓公司體質更強健，才有利擴大經營的規模。這中間

施純鎰的真心話

我的人生沒有退休的時間表，只有不同階段的發展重點而已。

的過程與細節可說千頭萬緒，幸好我兩個兒子已先後進公司幫忙，有他們的加入，讓我對公司未來的發展更放心，也更有信心。

其實，不只是公司面臨重大轉變，我個人也面臨莫大的挑戰，可說又開始了另一段艱辛的學習歲月。

首先，學會用電腦這件事，對我就是一大考驗。另外就是開會溝通的部分。我是傳統的老闆，要和經營團隊的專業經理人開會，最大的壓力是聽不懂他們講的話。每次開會，我都好像在上課。為了聽懂或配合管理的需要，我必須學會用電腦看報表。這些難題我都必須一一克服，不懂的就問兒子，咬緊牙根一步步摸索，一段時間後才慢慢適應，也逐漸理出頭緒。

所謂的日式管理，是按年資升等、調升薪資，獎金也多；民國八十五年改為美式管理後，凡事看業績、看數字，論功行賞，管理變得容易許多。

採用專業經理人制度，也有彼此調適的問題。有些新主管會偷懶、耍小聰明，藉故要求提早下班，或是在車資、差旅費等個人利益上斤斤計較，這樣的人都不是我會重用的。

賠錢也是一種投資

對於投資彼岸，我比較謹慎保守，一再思考之後，才決定前往設廠。「繳點學費」在所難免，也有心理準備，我抱的是「且戰且走，伺機而動」的策略。

選擇在山東設廠，主要是因為那裡已有很多日本同業。而且青島是一座非常美麗的城市，外商公司林立，戰前就有很多外籍人士選擇在此居住。

目前，「三花」在青島設有總部及廠房，以外銷市場為主。三或五年後，會在上海或北京增設據點，生產內銷用產品。內銷市場現在先按兵不動，因為我覺得時機未到。我打算把經營三花的台灣經驗和Know-how，逐步移植、複製到對岸去。雖然頭幾年一定會賠錢，可是

施純鎰的真心話

一個人有了品味，懂得生活的美感，心靈生活自然豐富，遠比擁有財富來得踏實。

不去就沒有競爭力，所以眼光一定要放遠。現在三花在大陸的工廠雖仍呈虧損狀態，但長期來看，還是值得投資經營。

而現階段在大陸生產的襪子，主要還是外銷日本。日本廠商的襪子也多半在大陸生產，只有特別高單價的才留在日本國內生產。而台灣「三花」做襪子的品質，也早勝過日本的水準了，「三花」堅持設立自己的工廠，一貫作業控制自己的品質，就是要達到「全面把關，滴水不漏」的程度。

接棒，需要一段磨合期

目前我兩個兒子都在公司學習，並且從基層做起，透過生意上的「眉眉角角」，真正親力親為去實際執行，才能由下而上，了解每個小細節的重要性。老大負責對外業務及技術的部分，小兒子則擔任經營管理的職務，兄弟倆感情很好。我對小孩盡量做到一視同仁，扮演一個開明父親的角色。不過，可能在一起工作久了，即使是自己的父

▶每隔三、五分鐘織好一雙襪樣的樣品機，是三花棉業虔心研發的最佳體現。

親，兒子們還是習慣喊我「董事長」。

協助他們接棒，我的壓力真的很大。老大的個性外向，學機械出身，對業務及技術很有興趣，我透過朋友安排他到日本的襪子工廠一年，再到貿易公司工作兩年，實地學習技術及商業運作，自然也從旁觀察日式的業務管理模式。之後，再安排他到美國學語文，順便擴大眼界，為未來的事業做準備。

記得大兒子剛進公司的前一、兩年，幾乎完全無法上手。而且他比較獨立自主、我行我素，所以我們父子倆在磨合的過程中，相信也讓他受了些委屈。但這些都是必經的過程與階段，總有一天，他會明白我的用意和苦心。經過十四、五年來的磨合，如今他在開發業務這一塊的能力已經成熟進步很多，亦可獨當一面，讓我非常欣慰。

相較於大哥，弟弟的個性就很小心。他在求學期間的寒暑假，便有計畫的到日盛集團去工讀，也到我的工廠來實習。當時念到五專的他，也在我的鼓勵之下順利考上大學。學歷雖不是最重要的，但對於

施純鎰的真心話

賠錢也是投資的一種，「繳點學費」在所難免，但必須要有「且戰且走，伺機而動」的策略來因應。

只念到小學的我來說，總希望他們能多讀點書，能念多高就念多高。

如今，兩個兒子的表現已相當出色，是我不可或缺的左右手。江山代有才人出，現在反而是我需要多跟他們學習、討教了。

而唯一的女兒，倒一直沒讓我操心過，她在日本念大學，畢業回台後，就進入日本三菱公司上班，做得有聲有色，早已是部門主管。「三花」成立基金會，一部分也是為了女兒，等她退休後，可以有個寄託，做善事又能讓生活變得更有意義。

之所以取名三花，一是好聽好記，二是希望公司憑著自己的苦心經營，可以像養花一樣，透過慢慢灌溉，讓繁花盛開、迎風燦爛。

現在「三花」位在五股的企業總部，是一棟廠辦合一的多功能自動化建築，民國九十六年成立的「三花棉業公益教育基金會」，也都在此大樓中運作。

GO!GO!
三花棉業公益教育基金會

社會經

為自己的人生預設願景，
只要擁有實力和正確的價值觀，
專注於自己的專業，即使起步晚，
也要看得到未來，付出也才有代價。

►三花棉業五股企業總部。

凡事自我栽培

也許是出生於貧苦年代的關係，也或許是自己本來就不是讀書的料，我受正規學校教育的時間很短，到現在能有這樣一點成就，全來自於「社會」這所大學給的知識和養分，以及我自己的不斷進修與努力充實而來。

現在的我，每天看四份報紙，定時閱讀名人傳記、管理書籍與財經相關雜誌。早已從一個看到書就猛打呵欠的小毛頭，到一個「三日不讀書，便覺面目可憎」的愛書人了。

我喜歡看名人傳記，是因為透過這些偉大人物的成長過程，汲取他們從失敗到成功的經驗，從中所獲得的感動最深、收穫最大。現在的我敢大聲的說：「我就是從社會大學畢業的。」

學無止境，人也不可能是全才，每個領域都有各別不同的專業。

施純鎰的真心話

俗話說：「會賺錢的是師傅，會守錢的是師公，會花錢的是師祖」。

透過機會認識不同領域的朋友，互相交流、廣結善緣，更能豐富彼此的人生。

早期我認識的朋友，背景都和業務相關，同質性較高；後來因為打高爾夫球，參加不同的球隊，有機會認識各行各業的朋友，才逐漸拓寬了人脈和交友圈。

因為對學習沒有成見，凡事我總是先照單全收，再篩選出自己可以接受的部分，所以不論是批貨、議價、管理、廣告、行銷，還是打高爾夫球、釣魚和跳舞，皆由無師自通中漸漸悟出道理來。例如：穿內衣這麼簡單的事，我就是從「穿濕汗衫會感冒」的原理，聯想到生產純棉內衣的靈感。因為吸汗、不黏身，自然也減少感冒的機會。

預想願景，找到自己的舞台

從前常因書念得不多、學歷不高而覺得遺憾，有一次到日本看女兒，當我坐在她教室裡的椅子上時，心裡還頗為激動！

十多年前，每年我都會特地到台大校園走走，有點想要補償未上大學的遺憾，現在當然不會這樣了，一方面是自信心增強了；另一方面，自己有很多高學歷的朋友，早已領悟了「天生我材必有用」的道理。自己雖是小學畢業，至今還是忙得很起勁，充分享受「活到老、學到老」的樂趣。

所以，為自己的人生預設願景，一直是我想和年輕朋友分享的重要觀念。我為自己預設的願景和努力師法的對象，就是王永慶先生。許多年輕人上班只為了賺錢，常常做一行怨一行，很痛苦。不妨換個角度想，積極地從工作中發掘出興趣，或者選擇自己有興趣的工作做，不要太在意薪資的問題，從中累積經驗與人脈才是這個階段的重點。職業不分貴賤，只要擁有實力與正確的價值觀，行行都能出狀元。每天上班工作，不是光想著領一份薪水而已，一定要有目標，投資自己的專業，即使起步晚，也要看得到未來，付出才有代價。

年輕人不要怕跌倒，能夠越早跌倒、越早得到經驗，真的沒什麼

施純鎰的真心話

金錢是有生命的，有生命力的錢，就應該是有進有出，把錢的效益用到極致，才能顯出錢的價值。

不好。有份統計數字顯示：台灣約有四千名優秀人才，將和大陸的二十二萬人及印度的二十萬名人才一起競爭。所以現在的年輕人如果再不努力精進，很可能會往M型社會的中間沉淪。

我有個特點是「勤問」，任何事不懂就問，很願意請教別人。學會了，本事就是自己的，誰也拿不走。年輕時的我也曾長期處在自卑的陰影中，經過這麼多年來的歷練與成長，如今才深深體會，人無須和別人比較，只要今天的我比昨天的我有進步就可以了，就像池塘裡的鴨子一起划水，每隻鴨子游的方式或速度都不同，但一段時間後，都陸續到達了對岸，先到或後到的意義不大，重點是按自己的方式，同樣都能到達終點。

王永慶是我一輩子的偶像

企業家王永慶一直是我的偶像，每次在新聞中看到他，常常會想起三十五年前（民國六十一年），同在青年公園打高爾夫球的往事。

青年公園的前身是台北高爾夫球場。當時在偌大的球場中，半夜打球的只有二組人，一個是王董事長，一個是我。我總是遠遠的看著他一桿揮過一桿，卻始終沒有勇氣上前打招呼。因為是半夜（夏天大約凌晨三點半，冬天大約凌晨四點半），我們都是由桿弟拿著手電筒照明，前半場總是摸黑著打，大概打了九洞後，天也慢慢亮了，再在晨光中打完後半場，那是一段很美好的寧靜時光。我與王董事長打球的速度，大概都是前前後後交錯著，不時可以注意到王董事長打球時的專注神情。他總是在打完九洞後，又繼續打了十盒練習球才離開，在即將結束之前，他會開始掏口袋，將桿弟的小費準備好，等第十八洞一打完，給了桿弟小費後馬上驅車離去，一分鐘都不耽擱，我當時想他一定也和我一樣，是個惜時如金的人。

當時雖不認識王董事長，卻一直是台塑的下游廠商。從民國五十九年開始，我就使用王董事長公司的「壓克力紗」製造襪子，而在民國六十二年，王董事長還一度因南亞賣的Polyester（日本稱為Tetoron特多龍）的紗推廣得不順利，而身兼南亞總經理兩年，直到情況改善，才再轉給專業經理人負責，這種奮戰的恆心與毅力，令我十分佩服。

幾十年來，我都一直靜靜的在一旁看著自己的偶像，學習他不斷的開疆闢土、開發新戰場的精神，挑戰任何的可能與不可能。

滿招損，謙受益

在幾次公開的場合中，都可以發現王董事長處事的態度，例如：他的坐姿始終很挺，代表他一絲不苟的精神。飲食雖清淡，但也不偏好軟爛的食物，反而喜歡吃口感爽脆的東西，即使已高齡九十幾歲了也一樣。尤其他飲食有度、惜物惜福、毫不浪費的精神，更值得我們學習。

從另外一個角度看，王董事長又是一個乾脆豪爽、有人敬酒必奉

施純鎰的真心話

朋友們很欣賞我「不但賺錢很有效率，連花錢的品質也是一流」。所以，「人要做對事情，錢要用對地方」。

▶以王永慶為偶像的施純鎰，將其視為一生追求的目標。

陪到底的人。聽說他在五十幾歲正值事業全力衝刺之際，每到年關或應酬時，一趟飯局下來，就算有幾十個人向他敬酒，他也一定陪喝到底。不管是高粱、紹興、紅露、白乾、約翰走路或啤酒，一律照單全收。「一直到七十歲，父親還是客人敬酒，一定回酒到底！」這是在某次飯局的場合裡，王董事長千金王瑞瑜小姐說的小故事。也讓我見識到王董事長的投入與魄力，真是無人能及。

現在的王董事長只喝紅酒及少許的啤酒。睡得很少，但精神同樣很好。我尤其欽佩他謹記勤儉樸實的家訓，到現在生活仍非常嚴謹克制，如同他曾在演講時說的：「賺錢是我的快樂，花錢是別人的事。」他是企業界的運動家，也是對台灣付出最多的企業家，一生都在為他的事業，也為台灣這塊土地打拚、奉獻。

師法王式精神

也許是年輕時鍛鍊出來的體力，讓他身體如此硬朗，一直到現在

施純鎰的真心話

我喜歡養鮑魚，也相當享受這個過程，就像培養人才也需時間熟成一樣。

仍然天天上班，晚上七點下班，八點吃晚餐，再批公文到半夜兩、三點，這等毅力，連年輕人都自嘆弗如。

據王夫人說，從年輕開始到現在幾十年，每次陪王董事長出國或出差，都是看工廠、巡工廠、聽簡報，從沒有純為遊玩而出國。但他卻鼓勵夫人多和朋友出國去玩玩。前陣子有機會和一群朋友到絲路一遊，王夫人也在此列，讓我見識到她非凡的體力，該走路、該爬山的，一樣不少。而且一路上都很照顧人。最厲害的是她驚人的記憶力，只要和她吃過一次飯，她就記住你了，連誰是左撇子、誰愛吃什麼、誰不吃什麼，都記得一清二楚。

在絲路旅行時，王夫人聊起她曾經帶著九十四歲的婆婆到泰國玩一星期。她回憶說：「現在想想，當時真大膽！」九十四歲的老人家，還能出國旅遊，想想王董事長的好體質，可能也與來自母親的優良基因有關。

日前受邀參加台塑運動會，看到在台上揮帽致意的王董事長、曾公開表示願意在哥哥旁邊當「永遠的老二」的王永在副董事長，以及不論台上台下都對王董事長非常尊敬的王文淵總經理，令我在景仰王董事長的長者風範之餘，更感受到王氏家族帶給其後代子孫的正面影響力。一鳴槍，夫人在前面帶頭開跑，還不忘招呼我們這些朋友，令人相當感動。而平常看似文靜的王瑞華小姐，跑完五千公尺還臉不紅氣不喘的，完全不是一般人印象中那種「嬌貴富家千金」的模樣。可見王家對下一代的教養一點也不含糊，值得我們學習。

人生處處皆師父

我的人生沒有退休的時間表，只有不同階段的發展重點而已。像我今年七十二歲，仍覺得自己還很年輕，體力也不錯，可以做的事，包括公司的決策等等。

有時候和兒子去吃飯，看到一間小小三、四坪的店面，賣的東西

施純鎰的真心話

像我這麼性急的人，面對小白球，也不得不耐住性子，每一桿都得屏氣凝神、心無雜念。

竟多達二、三十種，這時我會趁機做機會教育，告訴兒子這家店的東西一定不好吃，生意也不會好。因為老闆太貪心，什麼都想賣，卻什麼都賣不好，反而不如只賣乾麵、魚丸湯等少數幾樣東西的小店，來得專精且有特色。經營工廠也是，什麼都做，什麼都做不好，挑一、兩樣喜歡的，想辦法做到最好，才是我的原則。

從自卑、自尊到自信

從小沒能好好念書，一直是我心中永遠的痛，所以因自卑而產生的自尊心也特別強，幸而都轉念為奮發向上的力量，順著性向發展，生命終能發光發熱。

從小都在努力不要讓人看不起，在別人看得到的地方，就盡量表現我的風光，但在應該省的地方，我也很省。以前到苗栗或台中出差，一碗滷肉飯或一碗麵就解決一餐；出差坐平快車，一個鐵路便當，也就過一天了。十年前搭飛機第一次坐商務艙，也是陪兒子出國才嘗試的，之前根本捨不得。

早期到日本出差都住便宜的單幫客住的旅館，得走很久的路才到車站，還要換幾趟電車才到洽商地點，偶爾為了和客人談生意時，才會選擇住比較體面的飯店。吃飯也從不上館子，而是到便利商店買熱呼呼的黑輪，除了便宜，也是好奇，那時台灣還沒引進類似的便利商店。

從年輕開始，我在各方面都很節儉，唯獨對買車和穿名牌衣服比較捨得。二十二歲那年，我就已經買了裕隆2000的二手車送貨，該款在當時是最大型的車；三十二歲時，因業務需要及送貨考量，也買了瑞典富豪的二手車；民國六十幾年開始，專買大型美國車，我總是搶先在別人之前使用新產品。在台灣進口車還很少的年代，我大約每兩年換開一部進口車，而且不是普通的進口車，像凱迪拉克5000至少就換過五部，都在顏色及款式中換來換去，之後再換開賓士或積架，光積架也換了三、四部。至今換過的名車，少說超過二十部。

施純鎰的真心話

一次的球程十八洞，再急也得一洞打過一洞，扎扎實實的走過，人生何嘗不是如此？

當有能力買任何車時，那種對新車的渴望感已不復存在，反而很懷念買第一輛新的腳踏車，以及第一輛二手摩托車時的那種快樂、興奮的心情。

約在三十年前，為了健康的考量，我主張將住家和工廠分開。現在想想如果不是當年有魄力搬到僻靜的市郊，以我長駐工廠失眠的狀態，恐怕無法撐到今天。

打拚大半輩子，我相信相由心生，心由境轉。很多人看到我，如果不是兩道長壽眉，長而間雜著白眉毛，常常猜不出我的年紀。因為注重穿著，我穿衣服的風格很年輕，跟得上時代潮流，除本性愛漂亮外，注重質料的習慣，也跟自己從事的行業有關。

一流的服裝品牌，不只在設計上出奇制勝，更會積極尋找新的材質，思考更多應用的可能，唯有真的去穿它、去感覺它，才能具體知道材質的差異。我時常透過穿著最流行的服飾，了解時下潮流中，服裝流行的趨勢與文化。身為經營者，我認為這是必要的投資。

懂得用錢花錢的藝術

我並不贊成留很多財產給下一代，反而希望兒女們能擁有的是品味生活與鑑賞美感的能力。品味不是用錢買得到的，它需要時間的醞釀及長期的浸淫與學習，興趣的支撐也很重要。像小兒子對紅酒就很在行，我從他那裡學到很多有關紅酒的知識，我也鼓勵他喝好酒，好酒喝多了，自然懂得品嘗，也能分析得透徹、有見地。

一個人有了品味，懂得生活的美感，心靈生活自然豐富，遠比僅有財富來得踏實。以前人們常說「吃穿三代」，意思是說一般人得經過三代的沉澱濡染，才會真正懂得該怎麼吃、該怎麼穿。我很幸運，吃穿都在我這一代就開始了。我相信這也是一種生活品味。

我也是慢慢才學會享受生活的。現在的我工作雖然很忙，但也懂得疼惜自己。我不懂捨得享受，也樂意與人分享，疼愛自己、家人及

施純鎰的真心話

> 打高爾夫球追求的是，可近可遠、打得剛剛好，才是重點，掌控運球的能力，就跟掌握人生有類似的感覺。

親友。我很喜歡賺錢，賺錢是我的興趣，但我不是嗜錢如命或很物化的人。由賺錢中享受一種成就感、使命感和責任感，那是一種難以形容的快樂。

朋友們都很羨慕我懂得花錢，也很慷慨，而且錢都花在刀口上，讓金錢更顯其價值。俗話說「會賺錢的是師傅，會守錢的是師公，會花錢的是師祖」。對我而言，這三項都符合我對賺錢及花錢的看法，形容得很恰當。很多有錢的人只懂賺錢，不懂花錢，有錢於他根本沒有意義。

不論是到餐廳或是高爾夫球場，職員們都叫我「施董」，喜歡我的親切，沒有架子。逢年過節，只要我去打球或到餐廳用餐，紅包一定見者有份，讓每個員工都很開心，看人高興，我更高興。所以連我太太都說：「所有親戚中，就屬你是最會用錢的專家，『呼人一世人肖念』（讓人記得一輩子）。」我常在想，賺錢哪有只進不出，金錢應該是有生命的，有生命力的錢，就應該是有進有出，總要把錢的效益用到極致，才能顯出錢的價值，經濟的進步，不就是靠金錢不斷流通的結果嗎？朋友們一直很欣賞我「不但賺錢很有效率，連花錢的品質也是一流」。所以，「人要做對事情，錢要用對地方」。簡單的一句話，卻是我琢磨大半輩子才漸漸有的一點心得，與大家分享而已。

包紅包的「眉角」，巧妙各有不同

在台灣的習俗裡，包紅包是有學問的，六千六是六六大順；萬元紅包則代表萬事如意。包紅包除了禮尚往來，也隱含了感激別人、體諒別人、關心別人與回饋別人的心意，並不只是隨便包包了事，往往還能從中看出彼此之間關係的親疏深淺。

當然，有時也會因人而異。如果知道對方過得很辛苦或工作特別認真，我都樂於以比較大的紅包來鼓勵對方。像忠實的客戶家有喜事，當別人包六千元時，我就會包個一萬二，遇到客戶娶媳婦或嫁女兒，紅包還會特別大包，畢竟是值得高興的事。

施純鎰的真心話

【從打高爾夫球之中，我也有了「人生無法完美」的體會。未揮桿之前，永遠充滿變數及期待。有的人姿勢很美，卻打不好球；姿勢很差的，卻能揮出漂亮的一桿。】

工作上或人情上的關係，常有包紅包的機會，每次考量各有不同，其實「包紅包，等於是包對一個人的看法」。如果是一般公司員工，我會考慮其年資、向心力、工作表現及為人是否誠懇實在；如果是公司主管，考量的是認真程度以及對公司的影響。至於客戶或經銷商，業績的衡量是少不了的；對朋友，則主要是看交情。我希望自己有機會多包紅包，但絕不貪求任何好處或回禮。年輕時跑批發業務時，多半都是我請客，一定避免讓經銷商買單，這也是我個性的一部分。就和五十歲時曾經做的那個夢——「希望做一個付出的人」的承諾是一樣的。

送禮學問大

送禮也是一門大學問。有些場合不適合送紅包，送禮反而更有意義。例如：五〇、六〇年代時期，公司行號或店面送大的掛鐘，象徵鴻圖大展之意，祝賀新店開張就很適合。

如果是私人送禮的話，我會先了解對方的品味，喜歡什麼或正好缺什麼，以實用的禮物最佳，譬如知道那個晚輩半年後要結婚，趁機送一個新的皮包，送得好不如送得巧，也許正有合適的機會亮相。當然，能事先做點功課更好。禮物送對了，即使花費不大，對方也會感激萬分。

所以當三個兒女陸續結婚時，我一概不收紅包，只收祝福。能領受到親友們前來祝賀的美意，就是我最大最好的紅包了。當然，如何站在自己的基礎上，帶領下一代繼續走美好的路，也是我最想留給子孫們一輩子的紅包。

養鮑藏鮑學問多多

收藏古董的人不少，但應該很少聽說有人收藏食材吧！我開始搜集鮑魚，緣自於一群香港商人，他們很懂得養生，即使出國洽商，也會隨身攜帶鮑魚、刺參或冬蟲夏草等名貴食材，送禮自用隨時因應。

施純鎰的真心話

打球、跳舞、釣魚，我都自行摸索，而且一定深入到專業程度，決不虛應了事，絕不允許自己有半調子的心態。

因為他們，我開始認識鮑魚，也著手收藏鮑魚、投資鮑魚，更享受養鮑魚的樂趣。

不論是鮑魚、刺參或其他高級食材，多具有「吃巧不吃飽」的特色，再加上一點故事及傳奇，很容易就會成為珍品。

近年來大陸經濟起飛，珍貴食材崛起，高幹和富商一窩蜂跟進，好的鮑魚越來越少，價格自然越來越貴，形成另類的收藏新寵。早在二十多年前我便因特殊機緣陸續買了上千顆的鮑魚，可說是我最「豪奢」的收藏品。

鮑魚得以高貴，來自生長不易。所謂的幾頭鮑，有一定的計算標準：三頭鮑就是三顆鮑魚重量一斤，九頭鮑是九顆鮑魚重量一斤。一般養成一顆十二頭鮑需時二十二年，而沒有五、六十年，是長不出一顆二頭鮑的，如今海洋污染問題嚴重，想買一顆好的鮑魚是越來越難了。

鮑魚必須長在乾淨的水域，餵養好的海草海帶及海藻類食物，再經長時間飽食潮汐的新陳代謝，才能慢慢醞釀成一顆顆令人期待的人間美味，而目前最好的鮑魚，則長在日本北海道北側一處小島附近，尤其吉品鮑是珍品中的珍品。當然料理製作的方式，也會影響鮑魚的口感和美味。一位日本料理師傅告訴我，目前全日本只有一位住在岩手縣的曬鮑魚達人平田五郎，擁有獨傳的製作吉品鮑方式，可以將曬乾的鮑魚美味完全包裹住，長期置放也不會走味或壞掉。

據說日本歷來製成禾麻鮑及吉品鮑的達人家族，對於製曬鮑魚技術一代只傳一人，以確保獨門技術的優勢與珍奇。禾麻鮑和吉品鮑的差異，來自品種及曬法的不同。一般看到的乾鮑魚，約是新鮮的濃縮曬成五、六分之一的大小。

剛開始買鮑魚也像買紅寶石一樣，應該從小顆的入門。仔細觀察每一顆乾鮑魚，兩端都有洞，方便串曬，用繩子一個接著一個穿過的痕跡，就留在鮑魚腹部那淡淡的押痕。一般禾馬鮑是平放著曬，繩痕不那麼深，吃起來口感較軟，適合上了年紀的人；吉品鮑，直立串

施純鎰的真心話

熟悉魚兒吃餌的感覺，或說是拉力，待釣竿末端的微微一震，一瞬間的輕拉，馬上就知道魚種了。

曬，押痕深刻，相對比較有咀嚼。欣賞鮑魚的美，盡在渾圓似水滴狀的均勻造型；渾圓的裙緣，表面棘絨越多叢狀突起，越像珠形越緊密越是上品；飽滿厚實的質感，是咀嚼口感的來源，同樣大小的鮑魚，以越厚的越好。

鮑魚的料理過程相當耗時費工，一顆十二頭鮑從發泡到上桌，需經五到六天的各式流程，十五及十八頭鮑約需三到四天，任何一個流程不對都可能會壞了一鍋料理。鮑魚得經清洗、浸泡、發到一定的大小後，再鋪在金華火腿及老母雞熬煮的高湯上煨煮，直到鮑魚的毛孔都張開後再調味。曝曬得好的鮑魚，不僅有特殊香氣，煨透後正中部分會出現溏心，口感很好。放涼時品嚐，更具嚼勁。好的料理師傅更是重點。在台灣，具有烹調硬如石頭的三頭鮑、六頭鮑或九頭鮑精髓的師傅屈指可數，包括新同樂的仇總、喜來登的許師傅、中泰賓館的王師傅及「真的好」的李師傅等幾位，都是頂尖料理鮑魚高手。

鮑魚是少數非常耐放的食材，存放幾十年也沒問題，但得有一定的保養工序，這就是俗稱的「養鮑魚」。

我喜歡養鮑魚，也相當享受這個過程，就像培養人才也需時間熟成一樣。鮑魚必須放在陰涼通風處，然後大概每半年分批取出，此時屋內滿室生香，鮑魚隨置放時間自然釋出白色的鹽霜，表示仍處於熟成狀態，逐一用啤酒擦拭或棕刷刷過，再間接讓陽光曝曬半天左右，例如：以玻璃窗罩上薄紗的「溫曬」最好，之後讓它自然陰涼，或讓冷氣吹散熱氣，再放入玻璃罐裡熟成。

通常剛買回來的鮑魚，顏色呈淡褐色，隨置放時間拉長會漸漸轉為濃褐色，若呈墨黑色的，更是珍品。購買時不妨將兩顆互敲，能發出石頭般結實清脆聲音的，表示曬得很乾透，品質更好；再聞一聞味道，鮑魚和著海水味曬乾的海潮香中更透著甘甜，天賜的美味，大概就是如此吧！

施純鎰的真心話

【野貓野狗為了活下去，會比家貓家犬更懂得生存之道；就像曾歷經艱苦歲月的人，必定會比生活優渥的人更能絕處逢生，為生命找出路。】

享受與小白球的互動

我是從六〇年代開始打球的。當初因工作壓力導致夜夜失眠，大舅子建議我乾脆去打球，看能否藉此紓緩壓力，沒想到卻從此開啟了我的高爾夫人生。後來越打越有心得，現在，打高爾夫球，已是我生活中不可或缺的最大樂趣與興趣了。

早期我都在凌晨三、四點就開打，靠著桿弟拿手電筒照著球的位置才能揮桿，發完球後再憑感覺找球。剛開始有些困難，只曉得用力把球揮出去，漸漸的，開始懂得在揮桿之際感受球的力道，領受風動的感覺，體會揮遠揮近球跑的速度，而逐漸產生「既然要玩，就玩真的，就認真玩」的念頭。「沒有潛力，就要努力」，當時我是這麼告訴自己的。

打球是為了紓解壓力，藉著不斷走路也持續調整呼吸及腳步，盡量不想事情，讓腦袋放空，跟著球走就對了。沿途還有優美的風景可欣賞，處處綠蔭，美不勝收，真的非常享受。

也許有人會說，打球何必那麼拚命，卻不知我真的是樂在其中。周遭安安靜靜，自己陪自己打球，偶爾清脆的「波」的一聲劃破天際，才驚覺寧靜之美，獨處的世界煞是迷人。尤其摸黑打球時，得靠手電筒照明，感覺球的方向，由揮出的每一桿，得知精神集中的狀態，充分體會與小白球之間的互動。「波」的一聲代表正中球心，又直又遠，真有說不出來的痛快、過癮與真實的感受。

每次上球場，只要揮出一桿滿意的球，總會高興好久。常有人問我，打高爾夫球三十多年，有沒有特別的想法或體會？我會說：「打高爾夫球幫我賺到很多很多的錢。」雖是玩笑話，卻也一點不假。因為「賺到健康，就是賺到財富」。健康是創業最大的本錢，我因為打球而賺回健康，如果沒有了健康，也沒有今天的我了。

打高爾夫球其實沒有想像中容易。和朋友一起，打十八洞至少要四小時，如果自己一個人打，可以控制在兩個小時左右，但天天同樣

施純鎰的真心話

任何人再優秀、再有天份，也不能不努力，一旦過於安逸，原有的能力也會被稀釋掉。

時間、同樣地點打球，體力、耐力、腳力，缺一不可。而且能持續打三十五年，就不是每個人都做得到的了。我曾仔細算過，我打高球夫球走過的路，已足夠繞地球兩圈了，現在正朝第三圈邁進。

不久前到眼科做例行檢查，醫生說我的眼睛年齡只有四十幾歲，當然也沒有白內障之類的問題，這一切都歸功於每天兩個小時勤走高爾夫球場的關係。

與小白球的對話

球越打越能體會其中的好處與奧妙。像我這麼性急的人，面對小白球，也不得不耐住性子，每揮一桿，都得屏氣凝神、心無雜念。心靜不下來，球也打不好，現在才知道為何常聽人說，「手要伸直，死不抬頭」，原來是有道理的。一次的球程十八洞，再急也得一洞打過一洞，扎扎實實的走過，人生何嘗不是如此？

別小看一顆小白球，從準備動作、觀察風向、地形、準備揮桿到

▶藉由打高爾夫球來紓解壓力，享受當下的放空。

揮出桿，少說有八到十個動作，每一個動作，都有可能影響揮桿後的結果。所以要打出漂亮的一桿，絕無僥倖，每一個球飛出去的好壞，都由揮桿決定，不用心絕對打不好；同樣的，人生或事業的好壞，也由自己決定。有無充分的準備，也決定了揮桿的結果。

或者，明明一顆球擺在地上，動也不動的任由你揮桿，你就是打不到。好比看到滿街都是人潮、都是商機，但卻做不到任何生意。非得有本事，那小白球才會乖乖的聽你的話，飛得又高又遠。非得徹底靜下來，小白球才能按你想要的高度、速度及落點，滿足你的要求；做生意何嘗不是如此？用心經營、冷靜分析市場、用對策略，才能得到預期的效果。

業餘的高爾夫球賽，在某些洞前二百碼處會有沙坑的陷阱，這跟做生意會有陷阱是同樣的道理。打球有七分努力、三分運氣，會打的人知道如何救球挽回劣勢。而且球也不是打遠就好，打OB還罰二桿，如何可近可遠、打得剛剛好，才是重點，能體會掌控運球的能

施純鎰的真心話

釣魚有如做生意，同樣得用腦才行。譬如出門時先看天氣，了解下了雨後的水流，就知道應帶多長的釣竿，而雨後較容易釣到的又是哪些魚種。

力，也跟掌握人生有類似的感覺。

當然上天很公平，有的人木桿打得不錯、有人推桿不好、有人鐵桿打得比較好，每種球路都有需要克服和努力的地方。

長期打高爾夫球，天天流很多汗，讓我有想做百分之百純棉吸汗的平口褲的靈感。毛巾底運動襪的構想也是由打球而來，底厚的襪子長時間穿著走路，比較舒服。

我一開始打高爾夫球，就是無師自通。打過最好的成績是七十六桿，還拿下林口球場年度火雞盃冠軍；也有過一次一桿進洞的記錄。目前多半維持在九十到九十五桿之間。但我並不建議初學者和我一樣自己摸索，應該一開始就找位好老師把基本動作練好才對。正確的基本動作影響很大。記得剛開始，小兒子看我打球的姿勢，也很難相信我可以打出九十多桿的成績。長期錯誤的姿勢，已經很難矯正，不過他也很佩服我可以克服姿勢的劣勢，打出突破三輪車（低於一百桿）的成績來。常打的人都知道，八成球友的球技都在三輪車的程度，差

以球會友是打高爾夫球的最大享受，左三為李前總統登輝。

點多半在二十二到二十五、六（約是九十四至九十八桿）。我的短桿及推桿比較強，是因為常打及經驗累積，打遠球得靠體力和正確的姿勢，這部分我比較弱。

打高爾夫球除了練靜心，也給了我很多思考的空間，特別是在寂靜的夜半走近黎明之際，一天該做的事，走著走著也都理清楚了。等八點鐘進了辦公室，工作好像已經做了一半，效率很不錯。

打球一段時間後，我開始加入球隊，除了認識各行各業的朋友、了解社會脈動，也累積了豐厚的商界人脈，培養出難得的情誼。他們都是縱橫商場的經營者，藉著打球的時刻，彼此交心，也交換資訊或人生經驗，讓人生面向更加遼闊深遠。

其實，從打球的過程中也可以觀察一個人的個性，有的人打四桿報三桿，有的為了好打而偷偷移球，許多的小動作或與桿弟的互動中，都可見其端倪。

美國高爾夫球名人公開賽，每次在冠亞軍比賽時，總有幾萬人在

施純鎰的真心話

一般在急流處釣到的魚，半小時後還是活的，靜水區釣到的魚則一下子就死了。人也一樣，經歷過生存競爭的人，生命力較為強韌，耐活的能力會強一些。

場外觀戰，除了欣賞，想學球技的人一定也不少。但很多東西是學不來的，球技攤在你眼前，明白的打給你看，就是學不起來。就像人家說的「生意子難生」一樣，傑出的人是很難模仿的，只能自己和自己比，突破再突破，像我也是一直因應市場，改變又改變，才有今天。

又如世界球王老虎．伍茲，三歲開始打球，家庭環境不好，又出生在黑人社會，想脫離貧窮，不打球就沒機會出頭。像台灣早期的呂良煥等選手，也都是天未亮就開始練球，一般人很難做到這樣的程度。而我們小時候的環境比較單純，不像現在有那麼多誘惑，自然踏實、努力得多。

情緒的控制也很重要。記得有位知名選手的脾氣很不好，打不到球或打壞了一球，還會氣得折斷球桿、捏破球，反應非常激烈。我覺得只因為一球沒打好就情緒失控，進而影響到接下來的表現，這樣的人，未來的成就一定有限。打球要有穩定的性格，做生意也同樣要有從頭到尾持續的自制力才行。

從小白球看人生

在球場三十多年，看到太多人的起起落落，了解到過猶不及的道理。像球場上有些同好，打完球後還會相邀續攤打麻將，或另找娛樂銷金去。對我來說，既然視打球為一種休息、一種休閒、一種修心養性的過程，就應堅守初衷，充分享受打球的樂趣。

打了三十多年，也到過很多球場，我覺得在台灣打高爾夫球還是最幸福的。一來台灣不大，到各球場的距離都不遠，二來又有桿弟服務，打起來特別愉快、舒服。三十多年前，桿弟背一趟的小費二十元，而球場給八十元，一天的費用約一百元，當時我工廠女工的工資一個月約一千元左右。近十年來，球場都有球車代步，桿弟桿妹工作變輕鬆許多。我覺得在台灣，半夜也有打球的服務，真是太好了，特別對我這種睡不著又不想浪費時間的人而言，真是難得的幸福。

在台灣的球員當中，我最喜歡陳志忠，不單因為他是「三花」休

施純鎰的真心話

將一條三十五元的吐司切成十四等份，分批來使用，當中成本就相差十四倍，這是我從釣魚中體會到的成本哲學。

閒襪的代言人，主因在於他很有特色。長期關心高球賽的人都知道，大概民國七十二、三年間，美國有一場高球公開賽，當打到十七洞時，陳志忠都保持第一名的領先優勢，到第十八洞時陳志忠有標準桿三桿的機會，但他卻意外打出六桿的成績，變成第二名，但所造成的媒體注意力及話題的知名度，都遠超過第一名。

三十多年的打球經驗，隨著各式球桿材質的改進，我也跟著日本高爾夫品牌マルマン（MARUMAN），每五年換一次紀念球具。現在的材質已進步到鈦材質或與奈米混合的球桿，變輕又變好打許多，比起二、三十年以前用笨重的木頭或鐵製的球具，現在打球輕鬆多了。

打球對安定心性和健康的確有很大的幫助，兩個兒子也都學我在清晨打球，享受「波」一聲的揮桿樂趣。為了清晨趕早打球，自然得早睡，無形中也減少了流連聲色場所的機會，擁有比較健康的生活品質，更是最佳的瘦身良方。所以我兩個兒子都相繼在打球一年半之後，各自瘦下十多公斤，變得精壯、健康，身材也越來越標準了。

▶三花棉業公益教育基金會響應公益不遺餘力。

從打高爾夫球之中，我也有了「人生無法完美」的體會。就算是職業選手，也無法每一球都完美演出，如同那小白球，未揮出之前，永遠充滿變數及期待。而有的人姿勢很美，卻打不好球；姿勢很差的，卻能揮出漂亮的一桿。所以我很感謝在我人生過程中，伴隨著緊張而來的壓力，那都是一種淬煉，一種進步的原動力。

與釣魚結下不解之緣

年輕時的我，很「瘋」做生意，總是想盡辦法把做成生意當做挑戰。身為業務員，我總是想盡辦法和經銷商維持良好的關係，「搏感情」是少不了的。商場上的人來人往、在商言商，總讓人感覺似乎少了點真誠、多了點銅臭，所以若能投其所好、利用相同的興趣，在工作以外的時間培養感情，也不失為拓展業務的手法之一。也因此，我的釣魚人生，便由此展開了。從陪客戶釣魚到自己愛上釣魚，逐漸釣

施純鎰的真心話

時機是天賜的，但抓住機會，則需要一點本事和運氣。

出趣味，至今已持續四十多年。

就和打高爾夫球一樣，跳舞、釣魚，我也都自行摸索，而且一定深入到專業程度，絕不虛應了事。所以我在觀摩別人釣魚一陣子之後，自己便下場揣摩，不斷嘗試、體會釣魚的手感。說穿了，也是自己的個性使然，我每做一件事，都不允許自己有半調子的心態。

釣魚是少數讓我沉得住氣的活動。我總愛在清晨時分，釣桿一拎、背包一背，一個人靜靜來到偏僻幽靜的溪邊，隨機的在大小石頭錯置的溪邊游走，找到適合的石頭便坐下來。摘點吐司，按壓在釣繩上，輕輕一拋，順著拋物線望去，僅一點小浮標標示著位置，再來就看浮標的動靜了，小小的抽動，我知道魚兒上鉤了。慢慢的收回釣竿，目的在消耗魚兒的體力，幾番掙扎後，魚兒自然進了魚簍。其實在魚兒上鉤時，我就知道釣到什麼魚，因為不同的魚兒吃餌的感覺，或說是拉力，都不一樣。多年的經驗，透過十三尺長釣竿末端的微微一震，一瞬間的輕拉，馬上就知道魚種了。

釣魚時，我對周遭環境也深有體會。例如：停在石頭上的白鷺鷥，會為了生存而改變飲食習慣。而牠們吃魚的前奏，也一定是先用腳在水面上比劃一下，讓魚浮上來，才用尖嘴一啄，叼魚出水面，啣走牠的獵物，顯然這白鷺鷥已經吃到很專業的程度了。原來白鷺鷥只吃小蟲，懂得吃魚的已經很少，牠還懂得吃別人不吃的，用在生意上也是，做和別人不同的生意外，加強專業一定是可以持續保有獵物（生意）的法門。

又譬如一旁的野貓常會趁我不注意，偷吃我釣上來的魚，甚至野狗也會來搶食，但家貓家犬就不會這樣了。由這小小事件，就充分顯現「物競天擇，適者生存」的生物法則，所以野貓野狗為了活下去，會比家貓家犬更懂得生存之道；就像曾歷經艱苦歲月的人，必定會比生活優渥的人更能絕處逢生，為生命找出路。

另外我還發現有隻燕鴨飛到溪邊已經四年了，不知是迷路還是流連忘返，竟然忘了回去，就這麼住了下來。一般候鳥來了，又可以安

施純鎰的真心話

夢想的起點，背後一定有「興趣」在支撐。

全回去的是很強健的族群，可以安然抵達溪邊的，不僅優秀，體力也很好。而留下來的燕鴨卻發福、飛不動了，這給了我一種想法——「任何人再優秀、再有天份，也不能不努力，一旦過於安逸，原有的能力也會被稀釋掉。」

釣魚經就是生意經

漸漸的，我也體會到釣魚有如做生意，同樣得用腦才行。譬如：出門時先看天氣，了解下了雨後的水流，就知道應該帶多長的釣竿，而雨後較容易釣到的又是哪些魚種；而在溪淺處，魚小容易上鉤，深水處釣竿一拋下，得靜置一段時間後，釣到的魚也大得多。釣魚時，我喜歡觀看水流隨時變換位置，既然是釣魚，以能釣到最多魚為樂趣。我知道大魚喜歡停留在石頭縫的旁邊，而水流急處的魚比較健壯有活力，水流不動的溪中，魚多而小。釣魚的時段，則以清晨時收穫最多。

我沒有太多的時間海釣，只能選擇適合自己作息的溪釣。如果純為樂趣，釣了一臉盆的魚也會放生。一般在急流處釣到的魚，半小時後還是活的，而在靜水區釣到的魚則一下子就死了。人也一樣，經歷過生存競爭的人，生命力較為強韌，耐活的能力會強一些。

如果一段時間釣不到魚，不妨換個地方試試。譬如大雨過後的魚兒都游累也餓了，這時就很容易上鉤。應用在生意上，同樣腦筋靈活，會看風向，不會為既定的觀念綁住，死守在一個定點，而能隨機應變，與時俱進。有時想偷懶試試，硬是不換浮標，就是釣不到魚，工具用錯了或判斷錯誤，結果同樣一無所獲。

釣竿有十一尺、十二尺、十三尺，以及十五尺不等，看地方、水流或魚種而決定使用何種釣竿，選擇浮標的大小也與水流緩急有關，相關的釣魚配備還有魚鉤及釣餌等，組合有數百種，都得隨時因應，時時改變組合，換釣竿或浮標或魚鉤等，都由經驗及嘗試而漸漸理出頭緒。

施純鎰的真心話

我很喜歡做生意，可以用各種方式把東西賣出去，都會讓自己很高興。

若將釣魚經應用在商場上，情況也大同小異：清晨時魚最餓數量最多，最容易上鉤。想賺大錢，除了眼光精準、了解競爭對手外，還得有耐心，當然早起搶先機也很重要。像我清晨五點不到已經出門推銷生意了，訂單當然都是我的。

在同樣的溪邊釣了四十多年的魚，以前魚種和魚量都很多，隨便一釣就上鉤。現在魚的數量、種類都少了，釣魚的實力就變得很重要。做生意也一樣，利潤少了，專業的人才賺得到錢。

釣魚雖只是興趣，但我有凡事都想弄清楚的特質，對釣魚的前置作業，一點都不馬虎。當然，某些東西是有替代性的，例如：沒空準備魚餌時，吐司同樣能取代，不會影響釣到的魚的品質，卻能省下不少時間，這些都是成本。

說到成本，別人釣一次魚會花三十五元買一條吐司，我則會將吐司分成十四等份，一次只帶一份去釣，其餘的冰在冰箱。等於釣一次只花二．五元的魚餌。這點錢看似微不足道，但重點是不浪費。比之做生意的道理，二．五元比起三十五元，成本相差了十四倍，從這角度放大來看，利潤就十分驚人了，這也是我從釣魚中體會到的成本哲學。

動植物的世界是最自然、真實的，完全騙不了人。例如：螞蟻的精神，小小的、慢慢的扛，越扛越大塊。看看自己至今的人生也像螞蟻一樣：做得很勤快，也充滿喜悅；而工作的精神又像燕鴨，每年由西伯利亞往南飛，一飛就是半年，真正成功，可以到達目的地的只有一、二成。其實在所有的動物中，我最喜歡狐狸，小狐狸四個月大時一定得自力更生、獨立覓食，能不能生存下去，全靠自己的本事，我覺得自己也有過如此歷程，八歲起開始自己獨立的人生，同樣得具有如同狐狸般的生存性格。

施純鎰的真心話

年輕人應該在人生的前半段為夢想勇往直前，只要努力過，就不會後悔。

創立「三花棉業公益教育基金會」

我的一生由無到有，有自己的努力，也有來自大環境給的機會。我只是剛好生長在全民拚經濟的洪流中，以自己的努力發揮出拚搏的精神，適時抓住機會的生意人。

想起童年時期的貧苦歲月，曾在全家苦無棲身之所時，得到遠房親戚的資助而得以度過難關，因為了解那份心酸、那種悲苦，所以很早以前我便暗自下定決心，有朝一日，如果自己有能力，一定要盡一己之力，幫助更多需要幫助的人。特別是弱勢團體，愛心得用對地方才有意義。終於在民國九十六年三月成立了「三花棉業公益教育基金會」，總算完成自己的心願，可以朝夢想前進了。

我自許七十歲以後的人生是公益的人生。我相信，以我的企圖心，同樣可以將公益事業做得多采多姿，取之於社會，用之於社會。更希望藉由成立基金會的拋磚引玉，讓更多更具規模的企業也能加入

▶協辦民國九十六年國際失智症日「GO！GO！憶起來」健走活動。

公益的行列。只要有機會，持續回饋社會一直是我的心願。而且我也會把這樣的想法、做法傳承給下一代，讓基金會成為永續經營的公益組織。

為了避免資源重疊形成浪費，我們也會朝政府福利還沒有照顧到的部分來做補強，以補需要之不足。因此，目前「三花棉業公益教育基金會」的重點，多擺在弱勢中的弱勢人口，獨居老人是其中之一，學齡兒童教育及特殊障礙兒童等機構的贊助及長期扶植其獨立營生也是重點。

「三花棉業」在明年，也就是民國九十八年將邁入第四十週年，原打算舉辦擴大的慶祝儀式，但日前則希望能將慶祝儀式化為公益活動，讓活動更具意義與價值，也是給三花四十周年紀念最好最特別的禮物。

以三千萬元成立的基金會，將陸續會有活動出現，預計一年投入資金一千萬元，慢慢累積基金會的實力。像吳尊賢文教基金會經過二

施純鎰的真心話

> 我這一生中，光是睡覺這件事，就比別人多賺到將近一倍的時間。因為不管睡多睡少、睡得著還是睡不著，我總在醒來後就開始工作。

十多年的累積，目前已有二十幾億的資產，可以為社會做更多的事，能發揮的影響力也更大。

　　我還是會用做生意的態度來經營基金會，這代表我會用心投入基金會，讓它可以茁壯，無限延伸基金會的影響力。

人生經

工作是我一生的寄託，
是每天過得有意義的種子。
與襪子結緣大半輩子，
我很高興自己選對行業，
在別人不在意的角落，
盡情揮灑夢想，
人生的幸福不過如此。

五十歲的夢

我常做夢，卻記不得任何內容。唯一的例外，是五十歲那年，一場至今仍令我記憶猶新的夢。夢中上帝問了我和另一個人一個問題：「你們希望成為付出的人還是接受的人？」我答說希望做一個付出的人，賺錢給別人用，而不是拿別人的錢；另外那個人則希望做一個接受的人。結果最後的結局是：他成了乞丐，我則當了老闆。

做這個夢的同時，三花正值防菌防臭棉襪廣告推出正當紅的時候，我的事業已上軌道，朝著穩定成長的方向發展，也開始生產外銷用襪子，一切都很順利。今天我能擁有一點不錯的成績，真要感謝老天對我的厚愛。八歲開始賣冰棒的時機不錯，十四歲開始做批發生意的時機也不錯。而且我出生的那個時代，讓我有磨練的環境和機會。時機是天賜的，但抓住機會，則需要一點本事及運氣。

施純鎰的真心話

我有三本筆記本，一本放家裡、一本放公司、一本在皮包裡，隨時可以備忘。

回想自己的一生，越覺得人生際遇之奇妙。小我一歲的妹妹，一路讀到台大畢業，才小學畢業的我，卻走入商場，從此有了完全不同的人生。我的大哥也是天生的生意人，小學畢業時就會說一口道地的上海話，跟著上海商人學了不少做生意的功夫，可是卻因為個性的關係，做了三年就改行了，也才讓我有機會扛起全家重擔，而造就出後來的我，相信這是老天給我的考驗與試煉。

全心投入就有收穫

很久以前看過一個故事，印象非常深刻：有位年邁的國王，希望將王位傳給唯一的兒子，卻覺得駝背的兒子當國王似乎不太體面，於是廣徵名醫，希望能將王子駝背的問題治好。不料王子的配合度很低，使駝背的事實一直無法改變。後來國王答應讓一位畫家試試。畫家只要求王子好好坐著，讓他為王子畫下一幅沒有駝背且英姿煥發的肖像。王子看到畫像裡的自己英挺的模樣，便不自覺的開始在鏡子前試著抬頭挺胸，不久之後，王子駝背的壞習慣就改過來了，最後便以昂首之姿登上王位。

這個故事想要傳達的意義是：人生貴有夢想，追求夢想更需要百分之百的投入，只要全心全意、認真專注，一定會有收穫，即使未達夢想，至少也離夢想又更近了。

研發出頂級襪子的夢想始終盤旋在我腦際，目前一直還在改良的無痕肌襪子就是最好的例子，如果沒有夢想，我就不會如此用心了。

夢想的起點，背後一定有「興趣」在支撐。我很喜歡做生意，可以用各種方式把東西賣出去，都會讓自己很高興，賺錢倒是其次。尤其年輕人更應該在人生的前半段為夢想勇往直前，只要努力過，就不會後悔。目前我仍樂在工作，還常常高興得睡不著覺。每每回想從一無所有到如今的富足人生，還能結交很棒的朋友彼此相偕到老，這些都是做夢也想不到的事。

施純鎰的真心話

我能有今天的事業規模，可說都是用時間換來的，我比別人更努力，更能利用時間，也比別人賺更多的時間來做事。

叫太陽起床的人

我常說自己是「叫太陽起床的人」。從六、七歲開始，就每天四、五點起床。從十四歲到三十二歲這段期間，也大概維持每天早上四點起床、四點半出門，晚上十點或十一點左右睡覺的作息。開了工廠之後，晚上大概八點半或九點睡，半夜一、兩點醒來後，就再也睡不著了，幾乎一生中都維持如此早起的習慣。

所以說，我這一生當中，光是睡覺這件事，就比別人多賺到將近一倍的時間。因為不管睡多睡少、睡得著還是睡不著，我總在醒來後就開始工作。如果再加上因體重過輕、不用當兵的兩年，我足足比別人多了十八年做事的時間。

好友李源德說，我是用軍事化方式管理自己，省時又有效率。

長期以來，我一直備有三本筆記本，一本放家裡、一本放公司、一本在皮包裡，隨時可以備忘。一早睜開眼睛，習慣先將當天要做的事想一想，重要的先寫在備忘紙上或錄在手機裡，到了公司馬上處理。我還習慣在手機上設定時間，鈴聲一響，盡快讓會議結束，順利進行下一個工作，這也是一種時間管理。我自認時間管理做得不錯，譬如搭計程車時，離下車的前一、二百公尺時，我已經把車錢都準備好了，可以馬上下車，不會浪費時間在找零錢上面；到超商買東西也一樣會自備零錢，現在還有儲值卡可用，更方便省時了。

我也說不出為什麼，個性一直很急，很怕浪費時間，像一天總要看四、五份報紙及週刊雜誌，當在看前一個標題時，便想趕快看完，接著看第二個標題；當看第一份報紙時，心裡老想著想趕快看第二份，如此個性，怎麼改都改不掉。

打高爾夫球時也是。一般人習慣在揮桿前先用球桿比劃一下再揮出去，我連那一桿比劃的時間也不想浪費，總是揮完桿就走，想要趕快打完。一直到現在，才有餘暇在不經意遠遠望去的剎那，確實感覺到呼吸著新鮮的空氣，也踩著柔軟草皮上的舒服感，終於可以輕鬆一

施純鎰的真心話

> 當別人才睜開眼，我已經吃飽、打完高爾夫球，也邊想著今天該做的事，到辦公室就只是執行而已，堪稱是特有的「施式效率」。

笑，這一笑，可是用三十年的緊張換來的。

在經過大半輩子的打拚後，現在總算能夠鬆一口氣、放下重擔了。培養了經營團隊之後，已改為九點上班。上班前的時光，也是我用來晨讀的時間。內容以歷史類和傳記類為主，因為我認為跟「人」學到的東西最多，也最直接。有關歷史故事，除了看書，具娛樂效果的戲劇錄影帶，我偶爾也會欣賞。

做時間的主人

有段期間我常赴日出差，為了更有效率，會議都是一個接一個的開，從早上九點開始，一小時約一個客戶，用餐也都在便利商店或拉麵店解決。

所以我能有今天的事業規模，可以說全部都是用時間換來的，我比別人更努力，更能利用時間，也比別人賺更多的時間來做事。天天很忙很累，有時躺下一秒鐘便睡著，也許是如此的高效率，無形中比

▶與妻子結髮四十週年紀念，施純鎰特別將兩人結婚照鑲於錶中，鶼鰈情深溢於言表。

別人多了很多時間，當別人才睜開眼，我已經吃飽、打完高爾夫球，也邊想著今天該做的事，到辦公室就只是執行而已，幾十年都一樣，堪稱是特有的「施式效率」。

如此施式效率，從年輕時就開始。當年挨家挨戶推銷商品，只要店家說沒空，我馬上掉頭就走，除了因為「害羞、臉皮薄、被拒絕覺得丟臉」外，另一個原因也是不想浪費時間，趕快開發下一家才更重要。時間就是金錢，所以當別的業務員一天跑十一、二家店時，我可以跑四、五十家。我就是以認真的態度和拚命的精神，打下百貨批發的市場。加上用心和眼明手快，事先調查對方的生活習慣或作息。譬如什麼時間打電話可以找到對方，該晚上打的，我就不會早上打；知道對方一向早出門，就在早上七點前先掛電話給對方，而且趕快結束談話，方便他趕早出門等等。俗話說的知己知彼，百戰百勝，老祖宗早就在古書裡告訴我們了，就看你自己是不是真能參透其中的道理、懂不懂得靈活運用了。也可以說，我很擅長利用零碎的時間，無形中

施純鎰的真心話

【到現在，一直維持擦自己辦公室地板的習慣，不會有偷懶或不想動的想法，不會因為當了董事長而不做瑣碎的事。】

也比別人多出更多的時間。

回到家也一樣，通常吃完晚飯，我也不習慣一直坐著不動，一定會利用這段時間整理明天要穿的衣服和球衣，然後刷好牙，一切整理妥當，才坐下來休息。每天用完洗臉台，順手用菜瓜布一抹，幾秒鐘乾乾淨淨；浴缸也是，洗完澡花個一、二分鐘擦一下，如果等到隔天幫傭清洗，都已經乾掉了，得多用十倍的水及肥皂，自己只要順手做一下就清潔溜溜，方便省事又不花多少時間，還是個不錯的運動。我不會因為有人幫忙，就茶來伸手飯來張口，尤其上了年紀的人寵不得，多動多做事對身體更好。

我很高興自己從八歲開始賣冰棒到現在，一直維持擦自己辦公室地板的習慣，還不會有偷懶或不想動的想法，不會因為當了董事長而不做瑣碎的事。現在還會天天擦地板的董事長大概很少吧！

針對初出校門的社會新鮮人，我覺得「從小事做起，認真的做」是學習的開始，一輩子都處在學習的人生，是很有趣的。如果讓我建議年輕人的工作心態，我認為「先做對」，「再求好」，然後「再求創新」，這些都是學校沒教的。如果只是口頭說說，沒實際演練過，「想、看和做」之間可說是「天差地別」。這當中最重要的是時間因素，得花時間花精神，讓心到、眼到和手到調和一致，需要時間和不斷的練習。

我有個很有趣的觀人標準，看一個人晚上的八點到十點在做什麼，就知道這個人究竟會不會成功。這段時間，有些人在喝酒；有些人在教小孩；有些人在進修或看書。而我認為浪費這段時間的人，是很難成功的，因為別人都比你更努力，所以歷經這麼多年的人生與工作經驗，我最想跟大家分享的一句話就是——「打拚，就是英雄」。

凡事嘗試，但不沉迷

我的個性中有很明顯的「有所為，有所不為」的部分。我絕對不

施純鎰的真心話

瞭解一個人晚上的八點到十點在做什麼，就知道他會不會成功。

「迷」某些事，像我堅持不玩短線操作、殺進殺出的股票遊戲，因為不希望自己有不勞而獲的取巧心態，也不希望兒女有玩股票的投機心理，因為由實際體會用心經營事業獲致應有的報酬，才是踏實的賺錢本事。

在我事業草創之初，雖沒有人可以教我什麼，但因周遭有的是「活教材」，而我又很「受教」，看看別人的例子，就知道什麼值得學、什麼千萬不能碰。我雖然凡事勇於嘗試，但也絕不沉迷。

早期做業務，為了接待經銷商，我必須學跳舞，也很認真的學了，但只當成工作需要。在學跳舞那段時間，我也曾將舞蹈老師請到家裡坐坐，太太也煮了咖啡請老師喝，彼此聊聊，因為坦然，太太也充分信任，知道我是不會沉迷的人。有時招待經銷商到舞廳跳舞，剛開始我都會陪著，略盡地主之誼後，我會預買時段讓經銷商玩得盡興，但不會流連而忘了回家的時間。打麻將也是為了應酬，多半會陪老闆打一局，盡到招待之誼後，就回家，絕不迷戀。

從十幾歲開始就在生意場合進進出出，看到太多人的事業興衰，都提醒著我不能犯下同樣的錯。很多事可以「試」但不能「迷」。一旦沉迷，所有努力全付諸流水，後遺症更是無窮。只有一項興趣留了下來，就是釣魚。對於一個完全靜不下來的人，釣魚的靜態活動對我而言並不輕鬆，連釣不到魚都很急，慢慢地我克服了。沉澱下來的結果，我終能領略釣魚的好處。

做生意的場合，大家都抽煙，我也不得不抽。喝酒也是。可是私底下的我並不喜歡抽煙或喝酒，只當做應酬需要，不得不然。不只抽煙，喝酒容易誤事、打牌又很浪費時間，我這麼一個連換睡衣的時間都想省下來的人，怎麼可能願意花時間去做這些無謂又傷神傷身體的事，完全不符合經濟效益。

訓練控制力與耐力

成功的人，大多具備忍耐力和控制力的特質。

施純鎰的真心話

很多事可以「試」但不能「迷」。一旦沉迷，所有努力全付諸流水。

有個關於德川家康個性的故事，描寫的是他與織田信長及豐臣秀吉三人在個性上的差異。有人問，看杜鵑鳥不啼，該怎麼辦？織田信長的做法是「不啼，就殺牠」；豐臣秀吉採「想辦法讓牠啼」；德川家康則是「靜靜的等待牠啼」。結果他取得了江山，那一年他六十二歲。

我覺得忍耐力不單來自個性，更有後天的培養。根據我的觀察及經驗，有德行、懂得對別人好的人，具忍耐力；理智的人，忍耐力也相對較高；成熟及有涵養的人，本來就懂得忍耐的智慧，忍耐的工夫也比較強。

交友貴在交心

好朋友是我一生中最大的資產。不管各行各業各階層的朋友，我都真心誠意和他們交心。

我的個性很好相處，很容易結交到好的朋友。而每個人都需要結交各類型的朋友。「交人交心」，朋友間貴在真心交往，彼此交流，學習對方的優點，有時光是聽他們的故事就可以學到很多人生智慧，人脈也是這麼一點一滴耕耘累積而來的。畢竟人的一生中，如果可以有幾個「互相牽成」的好朋友，都是一輩子最重要的資產，足以豐富彼此的世界。

對待朋友，我非常用心，也樂於與之分享快樂。譬如要請朋友吃飯，我會很費心的想菜單，找特殊的食材，好的烹調師傅，安排珍貴的鮑魚、刺參或花膠等難得的料理，除非心思非常細膩的朋友很難察覺我的用心，但只要是懂得吃的朋友，絕對會感動我盡心的安排，我的目的無非希望賓客盡歡，如此而已。

我喜歡對朋友好，從不希望對方回饋什麼，常有朋友想回贈禮物，我總是說「寫一張卡片給我就好了」。寫一些對我這個人的想法、一句問候的話，或是「謝謝」兩個字，我都會高興好一陣子。在家裡，我有一個大箱子，裝滿朋友、小孩或員工寄給我的卡片，我很

施純鎰的真心話

對一個完全靜不下來的人，釣魚的靜態活動並不輕鬆，慢慢地我克服了。沉澱下來的結果，終能領略釣魚的好處。

珍惜寫的人的心意與想法。到現在，許多朋友偶爾也會寫一張卡片給我，我很喜歡如此精神上分享的感覺，很貼心。

不做輕鬆的事

也許是天生勞碌命吧，我對自己有「一輩子，不做輕鬆的事」的自我要求。見過太多起初「不勞而獲」、最終「坐吃山空」的例子，旁人或許覺得可惜，我卻一點也不意外。像多數因中樂透或賭博致富的人，最後卻落得人去財盡、妻離子散下場的，可說多不勝數。

我還有個原則是「不存私」。這是一種龜毛與潔癖的性格，一輩子改不了。

「不該拿的，我一毛不要」。就是這種堅持，讓我創業時所需要的資金還得向父親商借，儘管之前做批發賺的錢全入了家族公款。

對於工作，我也有幾點堅持：投機的工作不做；不擅長的事不做；完全不相關的行業，當然更不能做。如果是純投資，又是朋友做的行業，在不影響本業之下，倒還可以嘗試。

我很喜歡賺錢，卻不是貪錢的人。長期買股票只為存錢增息，一向擺著不動，大致只買台塑、台泥或大同等績優股票。買這些股票，主因原料商屬於最上游的產業，很難競爭而有投資的利基。隨機買土地也是為存錢，而用不同的形式存錢攤掉風險。其實，通常懂得做生意的人，如想應用做生意的概念來買賣股票或買土地，以相關的經驗判斷，大致都不會很離譜，我的確也如此投資，厚實了三花棉業拓展事業的基金。

努力打拚是當時唯一能出頭天的機會。我希望留給子女們好的示範，認真的過每一天。當初若不是選做襪子的行業，也許不會有今天。對我而言，生產襪子是很辛苦但也很幸福的事，在別人眼中最微不足道的地方，我卻花了大半輩子去研究、開發，正因為別人沒有我的精神及毅力，才適合我投入，我也才會成功，還是應了那一句——

施純鎰的真心話

「生產襪子是很辛苦但也很幸福的事，在別人眼中最微不足道的地方，我卻花了大半輩子去研究、開發，還是應了那一句——「一輩子不做輕鬆的事」。」

「一輩子不做輕鬆的事」。

追求完美的性格

「既然要做，就做最好的」，這也是多數人對我做事「頂真」的評語。

不只是認真而已，我會全力以赴，不會虛應了事。例如：小時候我常被母親或大姐交付「不能讓爐火熄滅」的任務，雖然只是一個小小的動作，我也會想辦法做到最好，思考該怎麼做才能讓火勢均勻，不易熄滅。用在工作上也是，早期做批發生意時，別的老闆或業務員總覺得有存貨是很自然的事，我卻從不這麼想，一定想辦法賣掉或清掉。一目了然是我的管理最高境界，我有連自己也無法理解的「潔癖」，這可能也是一種典型的追求完美的性格。

「襪子」最能說明我追求完美的個性。「三花棉業」生產的每一款襪子在上市前，不但機器一試再試，我也會一再的試穿。像目前創新專利的無痕肌襪子，必須試到連腳盤都看不到痕紋才算數。

另外，洗襪子這事我也不假他人之手，因為我想徹底了解襪子可以耐洗幾次，或弄清楚洗了五次及十次後的差異。有時會請媳婦用洗衣機洗過烘乾，對照棉紗的變化及鬆緊帶的緊實度變化如何，藉此比較手洗及機器洗對襪子的影響；更早期當製襪技術尚不穩定時，我還會在襪子上用紅線縫做記號，知道每一雙的問題點在哪裡，研究是技術問題還是材質不適合等，做為改良的參考，希望一次比一次更好。

不只是男襪，女用褲襪我也照樣試穿，因為我想知道女生在穿褲襪時會遇到什麼問題。我也試過女性穿的束腹提臀的褲襪，包括熱不熱、透不透氣或緊實的狀態如何……，做為改良的參考。我的一些好友也都是我的試穿部隊，下回見面時總要問問上次給的襪子穿了感覺如何，有無需要改進之處。這是我幾十年來做襪子的堅持，「真正好的品質，也是讓別人跟不上來最好的利器。」

如果不是真的很愛襪子，愛自己做的事，無法做到這種地步。正

施純鎰的真心話

「既然要做，就做最好的」，不只是認真而已，我會全力以赴。

因為由基層做起，所有的細微處都清楚，一關一關克服，至今對襪子的興趣仍不減反增，也唯有這種熱情，才能要求產品更趨完美。現在的年輕人，包括我的兒子們，沒經過磨難的艱苦，很難做得到如此地步。

不少朋友都說我現在什麼都不缺了，為何還那麼拚命？其實工作對我而言就是一種享受。為工作打拚雖然壓力很大，心裡卻很踏實，快樂感油然而生。

「生病」是老天給的禮物

我一直很感謝父母給了我很好的體質，讓我有這麼耐操耐勞的身體，這也是我創業最大的本錢。除了小時候的癩痢頭、年輕時因業務繁重，常緊張而有便秘的困擾，一生幾乎都不吃藥，這些都是我很引以為豪的事。

從小到大我一直都很瘦。也是上了年紀才知道，年輕時天天忙碌，經常一天只吃一餐，導致有胃潰瘍也是很自然的事，還有另一個原因是緊張。但老天還是很疼惜我，讓我很少感冒，也幾乎不看醫生，有點小毛病也以自己的方式治療；偶有頭痛，也是忍一忍就沒事。容易緊張則是跟了我一輩子的事了，只是我一直沒太在意。

但再好的身子也不是鐵打的。如果不是一場大病，我應該很難體會「休息」的滋味。連打球都像在「趕進度」的我，也已聽從醫師建議縮短打球時數，剩下的時間就用來看書或在自家院子裡散步，不再逞強。因為想做的事情還很多，所以把身體養好是我得以繼續工作的靠山。

生病之前，因六十二歲時一次意外的跌倒，才發現自己有高血壓的毛病。平常，我一星期總會釣一、兩次魚，那天清晨照常到固定的溪邊釣魚，每釣一段時間，都會換不同的地方試試手氣。就在從一個石頭跳過另一個石頭時，竟然踩了個空，整個人跌倒，前額還撞到石

施純鎰的真心話

早期做批發生意時，別的老闆或業務員總覺得有存貨是很自然的事，我卻從不這麼想，一定想辦法賣掉或清掉。

頭，當場血流如注。當時我的意識還很清楚，但四下無人，只能慢慢的從溪邊爬到路旁。經由路旁人家的幫忙，用小貨車把我送到台大醫院急診，也縫了很多針。這次意外讓我知道自己原來患有高血壓的毛病。但一直到六十六歲那年，因為急性肺炎住院，才注意到健康需要保養，也才有在休假日的午後稍睡個十分鐘、二十分鐘的習慣。在此之前，總是馬不停蹄。

開始發現自己有異狀，是某天坐在車後座發現自己竟打起瞌睡來，這很不尋常。我是那種無時無刻不在動腦、想東想西的人，怎麼會有空打瞌睡呢？之前也有一次自己開車上高速公路，開著開著突然間有幾秒鐘的空白，完全不記得任何事，有點茫然的感覺，連自己也嚇了一跳，趕緊大喊一聲「啊！」硬是把自己叫醒，回過神來。

那陣子身體陸續出現狀況，精神很難聚焦。後來出現疑似感冒症狀，先發冷、顫抖，又發高燒，心想大不了看個醫生，吃個感冒藥就好，誰知卻出現胸痛、咳嗽、頭痛、全身不適、缺乏食慾等現象，才不得不到醫院檢查。掛了好友前台大醫院院長李源德的心臟科門診。李醫師聽完診後，判斷可能與肺部感染有關，馬上轉給楊伴池醫師治療，一檢查竟是急性肺炎，必須馬上住院。在醫院躺著無所事事的日子真是難熬。生病前我是全年無休的工作狂，住院之後整個人動彈不得，這對我來說，「實在太浪費時間了！」

這是我人生中第一次住院，原本預計住一星期，結果我三天後就急著出院了。

開始學穿睡衣睡覺

為了節省時間，我從不換穿睡衣睡覺，因為覺得沒必要浪費這個時間。但由於這次的生病，才發現自己真的需要放慢腳步、調整生活節奏，也才生平第一次開始學穿睡衣睡覺。以前總是直接穿汗衫上床，方便第二天一大早出門工作。我連這幾秒鐘都不放過，現在想想真的有點誇張！

施純鎰的真心話

一目了然是我的管理最高境界，這是連我也無法理解的「潔癖」，可能也是一種典型追求完美的性格。

肺炎好了沒多久，有天覺得眼睛附近腫腫痛痛的，原來是難纏的疱疹，又是壓力太大所致。這次總算乖乖的在醫院躺了十天，天天打消炎的針劑。雖然身體虛弱，還是強忍著來回走走動動。不禁心想，之前向身體預支的體力，現在都得吐回去了。人其實不會無緣無故生病的，早在肺炎住院之前的幾年，我的壓力已經大到難以負荷，身體也有癥兆出現，只是我都刻意忽略，用意志力硬撐著。

尤其生病前一年，為了在大陸設廠更是頻繁出差，都是搭清晨五點半的班機。一到大陸，不斷的看工地、不斷的開會，等忙完後，都已經晚上十一、二點，隔天清晨又立刻趕搭最早的班機回台灣，到了台灣仍有很多待辦的事，這過程太綿密、緊湊，睡不著的老毛病便又犯了。往返幾趟下來，已經出現體力不支的窘態。即使從不覺得自己上了年紀或有體力不支的問題，對事業的拓展仍野心勃勃、全力衝刺的我，終於也有力不從心的時候。

也許是日有所思、夜有所夢，壓力大到睡不著，或者好不容易睡了，卻一直做夢，每當醒來，還是累得不得了，一度又回到年輕時神經衰弱的情形。體質性的神經衰弱，幾十年來如影隨形，民國八十五年以後就越來越嚴重，我卻還一直忍著、拖著，不願就醫。直到民國九十一年，精神持續無法集中，有時連站都站不住，身心壓力都達到臨界點了，才終於想通，開始找精神科醫師李明濱看診。

這才知道原來我有急躁的問題，雖還不到躁鬱的地步，仍需要治療改善。在醫生的指示下，最多時要四顆鎮定劑才睡得著，多少舒緩了緊張的情緒，漸漸的到現在只吃四分之一顆的狀態。

這之後，我不再天還沒亮就出門打球，往返也改由司機接送，不再自己開車去球場了。雖有司機開車，我也沒閒著，腦筋還是一直轉轉轉的，一刻也不得閒。但倒是已開始注意身體的狀況。以前不懂保養，每天忙得像頭牛，連多喝水都做不到。現在常常一早三、四點起床就開始喝水，到出門打球前，至少可以喝掉二千CC。

對於身體的保養，我並沒有特別的方法，也從不吃任何健康食品，我深信從均衡的飲食中，已攝取到足夠身體吸收的養分，尤其長期生活規律正常，應該就是最好的養生保健了。

我常開玩笑說，自己因為是「歹命子」出身，才六、七歲就得每天清晨四、五點起床幫忙家務，年輕時又因失眠而早起，才能養成早睡早起的好習慣，生活規律且正常，遠離不健康的夜生活及複雜的交際環境，讓自己一輩子都能擁有好的生活品質。好的生活品質帶來好的生命品質，就和健康一樣，是我一生中最寶貴的財富。

如果健康情況許可，我會一直工作下去。以前謝東閔先生常說：「人活著，要活就要動！活動！活動！」我也覺得越工作精神越好，一點也不會老。

施純鎰的真心話

「襪子」最能說明我追求完美的特質。「三花」生產的每一款襪子即將上市前，不但機器一試再試，我也會一再的試穿。

和「壓力」做朋友

很難解釋壓力是什麼東西，但它確實跟了我一輩子。我的個性中有一種很急迫、急切的情緒，連我自己都無法控制。有時天氣變了，我的壓力就來了，老覺得好像喉嚨卡著什麼，連稀飯都吞不下去，甚至連喝水都覺得困難。我又很容易緊張，一緊張，冷汗直冒或手心出汗是常有的事。聽到電話響也會緊張，為此我在家裡是不接電話的；書房及臥室也不能有電話聲。所以，像是誤將洗面乳當牙膏擠或將精油當眼藥水點這種小狀況，對我來說都很稀鬆平常。

尤其在民國五十八到六十一年這段期間，我的壓力已大到會天天夢到工廠的機器每用必壞，以及經常焦頭爛額地到處調頭寸的窘狀，夜夜失眠且惡夢連連。長期下來的結果，脾氣變得很暴躁。就在這時候，我開始接觸高爾夫球，用打球來治療失眠的效果的確不錯，讓我擁有一段平靜的時光。

壓力，某種程度也是影響我事業成功的推手，是督促我非進步不可的動力。所以我仍覺得壓力是很好的朋友，也是進步的來源。好比工作給了我壓力，藉著工作又紓緩了壓力，真是兩難。若撇開壓力不

施純鎰的真心話

洗襪子這事我也不假他人之手，因想徹底了解襪子可以耐洗幾次，或弄清楚洗了五次及十次後的差異。

談，我是真心享受工作的感覺，腦筋一刻也停不下來，真應了「不工作，不能活」的說法。

打球釣魚做芳療，都有助抗壓

我的身材一直都很瘦，體重到這兩年才由五十一、二公斤來到現在的六十公斤，這也是在稍微懂得放鬆之後才胖起來的，相對以前的緊張及神經質，無論如何都胖不了的。

運動是釋放壓力最有效的方法。不管是打高爾夫球或釣魚，地點都在林間或溪邊，周遭滿是綠色植物和飽含芬多精與負離子的新鮮空氣，每天處在綠色空間兩個小時，也是一種壓力的釋放。

說來好笑，「數字」也是我解壓的良方之一。看著密密麻麻的數字，都顯示出各種挑戰的成果，滿意的數字讓我感到心安而壓力稍解。我的壓力多半來自工作，可是又對挑戰工作非常有興趣，全神貫注，又是消除壓力法寶，很矛盾，卻也是事實。整理東西也有利於我

▶每天挪出時間與魚相處，是施純鎰減壓的秘訣之一。

消解壓力。一開始緊張，我就會想找事做，藉以轉移注意力。在辦公室裡養魚，我不用有幫浦的魚缸，才能天天幫魚換水，一次只養一隻，有時也會養養螃蟹。

偶爾我會藉著來回擦地板的動作緩和情緒。十幾二十分鐘後，地擦好了、壓力也疏解了；或者到倉庫走走，將各種產品整理得清清楚楚，讓心情變好。我不只在辦公室，連家裡的抽屜一打開，也是整整齊齊的，這樣我才覺得舒服。所以說我龜毛、潔癖，真的不得不承認啊！

因病住院之後，我在女兒的建議下，開始接受芳香療法，希望藉著讓身體柔軟的同時，壓力也自然消除。剛開始我根本完全躺不住，一躺下來就全身肌肉緊繃、無法放鬆。一個小時的療程，我竟是在忍耐中度過。但為了不辜負女兒的好意，我強迫自己再試試看。漸漸的，我越來越適應了，有那麼一瞬間我幾乎要睡著了，還立刻驚醒過來，覺得大白天睡什麼覺啊！真是太不應該了！如今想來，我還真不

施純鎰的真心話

連打球都像在「趕進度」的我，如果不是一場大病，我應該很難體會「休息」的滋味。

懂得享受呢。現在當然比較懂得按摩釋壓的好處了，也可以輕鬆自在的和芳療師閒聊幾句。

利用中午時段，我會到各賣場察看，也是釋壓良方。看到「三花棉業」的產品，都是自己努力的成果，滿足感油然而生。

雖然想盡辦法改善緊張及壓力，但它卻好像是我基因的一部分，拋不開也甩不掉。多年之後我終於悟出一個心得——「降低欲望，勇於付出」。原來緊張是為了想多做一點的急迫情緒，想以付出的快樂來降低壓力。隨著年紀的增長，我開始降低欲望，不再將目標訂高，壓力自然也會變小。

練字修心，讓速度慢下來

為了徹底化解緊張的情緒，我開始練字修心的工程，而且是從自己的名字練起，到現在我已經寫了十幾本筆記本。寫滿一頁要花五十分鐘，現在我的簽名寫得不錯，朋友也誇獎我的字練得很漂亮了，這股毅力也終於讓我克服了寫字發抖的毛病。練字的另一目的是為了修心，一看寫出來的字，馬上知道心是不是靜了下來。至今我仍維持一年寫三個月，一天五十分鐘，以此來訓練自己。

年輕時，個性一直靜不下來，即使星期天在家也一分鐘都待不住，連一杯茶都無法好好喝完。曾有十年的時間，假日都陪太太看電影，去看電影只是為了離開家，影像雖在眼前不斷滑過，腦子裡還是想著工作的事，常常整齣戲看完，卻不知演些什麼，還是有一種說不出的緊張感存在。如果連星期天也讓我到工廠走走、到賣場逛逛，才會覺得心安。

通常看一場電影大約兩個小時，我因一直處在緊張狀態，所以會一直喝水，所以被水嗆到是常有的事，有時候喝得特別順，我才發現能好好的喝一口水也是件幸福的事。

施純鎰的真心話

與其日後留一大筆錢給小孩，不如在孩子們最需要的時刻予以援助。經濟支援要給在對方最需要的時候，才有意義。

七十歲是另一個階段的開始

今年七十二歲的我，卻從不認為自己已經老了，反而覺得自己還很年輕，至少心態上是如此。

回顧一生，應該感謝的是我生長的年代。台灣從戰後開始發展，百廢待興，大家都在賺錢，也到處都是機會。我天天跑很多地方，接觸很多人，看人成功，也看人失敗。最大的警惕是「戒之在貪」。例如：兄弟鬩牆，為爭家產而反目，卻早已忘了親情的可貴。我相信人在「爭」的那一瞬間，心情都是不快樂的。我不希望自己的兒女也變得如此，也很欣慰自己三個小孩對金錢都不計較。

我有個朋友在他六十五歲時，九十五歲的父親過世了，留了些錢給他，他沒有感謝只有感嘆，因為他已經過了這輩子最需要用錢打拚的時候了。還有個日本朋友的故事，八十歲時才得到一百歲過世的父親留給他的遺產，兒子卻一點也不感激，因為對一個八十歲的老人來說，遺產的意義已經不大。

當然也有正面教材的：二十多年前在新莊思源廠附近有位個性開朗、經濟富裕的歐巴桑。丈夫已經過世，對子女們很好也很慷慨，孩子們也都很孝順她。這事讓我印象深刻。許多人喜歡以金錢掌控子女，讓子女們乖乖聽話，我並不贊成這種做法。與其日後留一大筆錢給小孩，不如在孩子們最需要的時刻予以援助。經濟支援要給在對方最需要的時候，才有意義。

財產不在留得多，而在應用得當，這也符合我的用錢原則，才可將財富的價值發揮到極致。

七十歲是很多人退休的年紀，但我希望能活到老，工作到老。我覺得不工作才是老化的開始，我還有興趣做好多事，是想做事的活力讓我不會變老吧！

施純鎰的真心話

我常說：「昨天是廢票，今天是現金，明天是支票。」而人總有一天會被退票的，所以努力用現金，活在此時此刻最重要。

人生無常就是正常

長年的際遇中，也曾多次深刻體會到生命的無常。

人生的棋，不盡然完全由自己控制，在預想得到時先行安排，才是上策。

正因為人生無常，我認真把握每一天，充分活在當下。我常說：「昨天是廢票，今天是現金，明天是支票。」而人總有一天會被退票的，人走了也什麼都帶不走。所以努力用現金，活在此時此刻最重要。而現金比支票實在，想把希望留在明天的，都不如今天好好過日子來得踏實。

三步一腳印

常聽人家說，成功來自一步一腳印，我覺得「三步一腳印」比較符合我的人生，也就是我必須比別人多三倍的努力，才可以達到和別人一樣的成績。

我的一生就是工作的一生，樂在工作等於樂在人生。喜歡工作是我此生最大的興趣，說我是工作癡、工作狂，我都欣然接受。唯有在工作中，我才能找到身心安頓的力量與生命的價值。

認識沈富雄很久了，有一次他問我：「什麼都不缺了，你還拚到這種程度，有什麼意義？」我回答：「就是一種責任感、使命感和成就感，讓我能一直做下去。」他也深有同感。

工作於我是一生的寄託，是每天過得有意義的種子。因為賣襪子生產襪子，能為消費者提供足部的解決方案是我最大的快樂，想盡辦法讓消費者穿得舒服，保護他們的足部健康，有成就感又可以賺錢，可說皆大歡喜。與襪子結緣大半輩子，我最高興自己入對行業，在別人不在意的角落，找到一個可以著力的天地，盡情揮灑自己的夢想，人生的幸福不過如此。

施純鎰的真心話

常聽人家說，一步一腳印，我覺得「三步一腳印」比較符合我的人生，也就是我必須比別人多三倍的努力，才能達到和別人一樣的成績。

反省是進步的動力

我做事雖有自己的原則和堅持，但也有願意改進和反省的特質，絕不會因為自己是董事長，就死不認錯。我很願意反省，也願意學習。每當別人的意見和自己不同時，特別是對我的決定有不同的想法時，雖當下說的是否決的答案，其實內心一直保留著不同的意見，反覆思索，究竟哪一方比較有道理。如果對方想法周延，我便沒有理由不改變決定。

願意學習，是我的成就動機，希望凡事都變得更好。不管是五十歲、六十五歲或八十歲時都一樣，我都希望自己越來越好。吃一餐學一餐是我的態度。記得和大兒子到美國時，看到美國的海邊到處都很乾淨，感動之餘，回到台灣之後，每回到溪邊釣魚時，看到垃圾就想撿，想回復溪邊原來乾淨的環境，不過是舉手之勞，自己看了高興，也讓環境變漂亮了。

我相信人是可以改變的，不管是生理的、心理的、精神的都可以。人的生理如人體的新陳代謝，雖有先天體質的問題，也有人為可以努力的部分。

隨著年紀的增加，我發現自己的體質也有所改變，包括從小開始的「黑、乾、瘦」，現在竟慢慢變白，還有光澤，臉色也紅潤許多，體重也漸趨標準。特別是我的手，年輕時雖不是做粗活的人，但一雙結實的手一看就知道是做事的手，只要和人一握手，每個人都很驚訝我的手又大又厚實。

講這些只是想分享一個觀念，除了體質是會改變的事實外，也有人為可以鍛鍊或克服的部分，只要願意給自己機會、決心改變，許多原先不可能的事都會變得可能。人們常受限於既有的偏見或觀念，拒絕嘗試或改變，不肯給自己一點機會，那是很可惜的。

有個故事是這樣的：

某企業家的小孩念的是很好的私立貴族小學，一天有客人到家裡來，企業家要小孩為客人倒一杯茶，孩子推說明天要考試就溜進書房

施純鎰的真心話

我的一生就是工作的一生，樂在工作等於樂在人生，唯有在工作中，我才能找到身心安頓的力量與生命的價值。

去了。企業家也不以為意，自己倒茶招呼客人。隔天晚上，他問孩子考試成績如何，小孩回答「生活與倫理」考了一百分。企業家不禁反省，孩子的「生活與倫理」可以考一百分，但連為客人倒一杯茶的禮貌或意願都沒有，這樣的教育其實是失敗的。雖然很會念書，但連最基本的做人的道理都不懂，書念得再好也是枉然。

這則故事讓我感觸很深，人最重要的還是得懂得做人的道理，書讀得好不好還在其次。所以我希望自己的子孫是明白事理且懂得應對進退的，而不是別人眼中很優秀很會考試念書，卻不懂得待人接物的人。

我是社會大學栽培出來的人，深深了解人應該和各種類型的人做朋友，有不同的生活視野，了解各個階層不同生活環境的人的想法及生活方式，人生也才有多采多姿的滋味。我雖沒讀什麼書，很鼓勵大家多看書，但人生也不是只有把書讀好就夠了。

貴人運不斷

很高興自己在這一生中選對了行業、選對了太太，成就了我圓滿的人生。

家庭是由男女組合而成，男女同樣重要，我不會重男輕女，像人有右手，沒有左手也不行，做事不易圓滿。

至今，我最要感謝的人是太太，她是那種為了家庭圓滿，什麼都可以忍受的賢妻。就舉做早餐這個例子好了。為了配合我打球，夏天時，她每天清晨兩點就起來幫我準備早餐，兩點半一定會弄好四菜一湯，等我吃完三點出門上球場；冬天會晚一點，大概三點半起床、四點多出門，三十幾年如一日。而這頓早餐也是我一天當中最重要的一餐。到公司後，有空時會吃中餐，不然就是等到回家再吃晚餐了。對此，太太毫無怨言。她覺得我那麼努力為這個家打拚，沒日沒夜的工

施純鎰的真心話

責任感、使命感以及成就感，讓我有綿延不絕的動力。

作，她只是起來煮一頓早餐而已，根本不算什麼！她的這番話真的很令我感動，當今世上能做到像她這樣的太太，已經少之又少了。

我會這麼打拚事業，主要也是因為有這麼賢慧的太太和乖巧孝順的兒女們，讓我有打拚的動力。看到兒子們願意為「三花棉業」努力，我也放心再將事業版圖逐步擴大。尤其很高興女兒的好性情，這是我一直認為女人能擁有幸福的先決條件。

大兒子結婚後，媳婦主動要求和我們同住，這是我和太太最大的福氣。現在我習慣在出門前，先看看孫子們熟睡的小臉蛋，偷親一下，才心滿意足的去上班。當年太忙碌，無法參與孩子們的成長，現在可以陪伴孫子們長大，內心感到無限的欣慰，更能體會家庭與親情的順位永遠都重於事業的道理。

雖然有人說，我的兒孫們是前世燒好香，才來給我當兒子、當孫子，可是我覺得自己也有福報，才能擁有這麼乖的兒女和如此可愛的孫子。

▶三花棉業三十五週年紀念慶與賓客同歡。

曾經有朋友看到我的名字，就說我此生注定會有錢，而且如果做和紡織相關的行業，可以賺更多。因為「純」是屯和糸的組合，囤積絲是我的本錢；而「鎰」是金和益的組合，益字的下方是皿，皿是盛東西用的盤子，益和金的組合，意指專門放錢的盤子，「鎰」字自然是錢疊錢，最後成為財庫。

這說法有點後見之明，不過就是說文解字罷了。我更相信的是自己的努力，才能讓名字變得更有意義。「人生在世，不過留一個名」，這得要很努力才做得到。

當然，謝謝生養我的父母，因為他們，我才能有今天。提到父親，雖然在我成長過程中他並沒有教給我什麼，但我很感謝得自他那健康良好的體質以及與生俱來的做生意的因子，這些都是我一輩子打拚的基礎。

我還要感恩一路上遇到的無數的貴人。跟了我三十九年的秘書，是我的貴人，開工廠之初，我連帳目都看不懂，全靠她的死忠和細

施純鎰的真心話

我做事雖有自己的原則和堅持，但也有願意改進和反省的特質，絕對不會因為自己是董事長，就死不認錯。

心；我的太太更是我一生的貴人，如果當年不是娶到她，一切都將不同，也不會有今天的我，即使在最艱難的時刻，她仍在一旁默默支持；兒女們也是我的貴人，我一生的無價之寶；還有許許多多的朋友，我所有的不足，都靠朋友們不嫌不棄的提攜，補足了缺憾，他們都是扶持我一生最珍貴的資產。我更感謝「天公疼憨人」，讓一個憨直的人一路有如神助。

一輩子看過無數的人，經歷過無數的事，我常常還是珍惜最簡單的。雖然每年都會買一件當季最流行或最火紅的西裝，穿一、兩年後送人，但三十年前的老夾克還是留著，想到時穿一穿；吃過數不盡的山珍海味，有時也會思念超商的飯糰或路邊的滷肉飯；不久前看到六十多年不見的老朋友，那種高興的程度，根本無法形容。隨著年紀越大，惜情、惜物之深更甚，更有增無減。

至今我仍珍藏著早年創業辛苦過程中的物件，例如：借據、舊相片、裹著貨品的舊毛巾，甚至連地上拾獲的銅板都留著。其中最珍貴

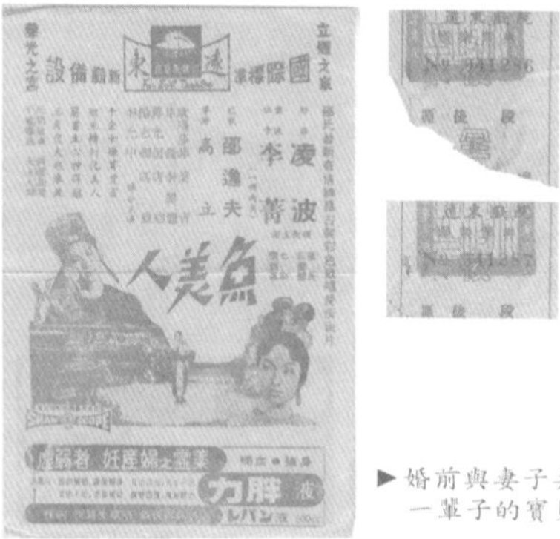

▶婚前與妻子共賞電影的票根，是施純鎰收藏一輩子的寶貝。

的是與太太交往兩年當中所看過的每一部電影票根及「本事」（當時的電影簡介稱為本事），以及交往時唯一一張到陽明山出遊的合照，至今仍不時拿出來看看，回味一番。

圓滿人生，人生圓滿

一路走來，我衷心感謝所有的人。苦盡甘來的甜蜜滿是回甘後的香醇滋味，猶如忍過風霜的果實，讓人意猶未盡，如此艱苦而又充滿感恩的人生，若能選擇，我願意再重來一次。

公司在五週年時辦了第一次的慶祝活動，接著十週年、十五週年，不知不覺間，明年即將邁入四十週年，三花棉業不斷壯大，枝葉繁茂，努力的結果都結實纍纍，還是一句話，感謝老天眷顧。

有能力幫助別人，是我很高興的事。回想起來，也許就是因為我從小缺少父母的疼愛，長大後才懂得付出、學習，人生同樣可以圓滿。因為父母教育的偏差，讓我知道如何去除分別心，以同理心教育下一代。

母親享年八十九歲，在她臨終彌留之際，卻始終無法闔眼，持續了三天，大家猜想母親是否還有什麼餘願未了。大兒子建議我不妨試著和母親聊聊，沒想到，母子之間的一席話，化解了彼此心中長久以來的誤解，也讓母親放下多年來埋藏在她心裡對我的虧欠。接著，母親的臉整個放鬆下來，安心的闔上眼，安詳的走了。

剎那間，我淚流滿面，那一刻我才發現，原來在母親的心中，仍然很在乎我這個兒子的，所有過往的不快與痛苦的記憶都已化為愛而昇華。在最後一刻，我們都放下心中的堅持，讓彼此之間了無遺憾。

施純鎰的真心話

苦盡甘來的甜蜜滿是甘後的香純滋味，猶如忍過風霜的果實，讓人意猶未盡。

【附錄一】

親友經

一生中，最重要的另一半

施董事長夫人　黃純子

提到先生，我覺得自己是幸福的女人。他不會甜言蜜語，但是人很正直、老實又勤快，特別的是對家庭非常照顧。我常在想，一定是我們祖上積德，父母親勤做好事，積德庇蔭了我們全家的緣故。我很感恩並珍惜目前幸福平靜的生活。現在持家的擔子已經交給媳婦，比起從前更輕鬆自在，除了多了些運動的時間外，我還是和以前一樣，是個快樂的妻子、媽媽和阿嬤。

談起和先生結婚的緣份，記得是二十一歲那年的事。身為家中的老九，上面有七個哥哥和姐姐，我的童年無憂無慮，在父母的百般呵護中長大，高中畢業後順利在銀行上班。

我的娘家在萬華，父親是當時三信合作社的理事主席，大哥是日立冷氣的董事長。當時大哥在後火車站太原路有個店面，與先生家的店面剛好是正對面。因為在銀行上班，常有人會定期送電影票，我總會趁著假日到大哥家走走，順便帶四個姪子、姪女一起去看電影。不知道是哪一天，先生一眼瞥見我，說我淺淺的微笑及嫻靜的氣質吸引了他，於是跟他的母親說對我的印象很好，請他母親出面向住在對面的大嫂說媒。

我的大哥、大嫂本來就很喜歡這個年輕人，也觀察他很久了，他們篤信這個一早出門，總要忙到半夜才回家的年輕人，未來一定很有前途，所以非常贊成這門親事。當時還年輕，正值雙十年華的我，對另一半不免有夢幻的憧憬和期待。他長相普通又瘦瘦小小的，沒有不良嗜好，印象還好，看在我眼裡並不特別。但是大哥、大嫂提到施家前來說媒的事，我還是把這件事告訴了母親。母親一聽，趕緊向萬華地區的三家百貨行打聽這個「少年仔」，三家百貨行的老闆都異口同聲並豎起大拇指的說：「這個年輕人，是打著燈籠也找不到的好！」衝著這句話，父母親很贊成這門親事，也決定了我一生的婚姻大事。記得當時還有著很幼稚的想法——「反正是父母做主的婚姻，如果不好，大不了回娘家就是了。」

因為沒特別中意這門親事，前後說了將近兩年，我總推說還年輕不急，但是他非常誠懇篤定，認定非娶到我不可，終於等到我點頭說願意，我們也才有機會一起去看電影約會。每次看電影一定有四顆電燈泡跟著；真正談戀愛，其實是結婚後才開始的，這種倒吃甘蔗的方式，現在想想其實也不錯。

婚後，我辭去工作，專心做家庭主婦，每天清晨開始打掃，準備開店事宜。與婆婆一起住，婆婆非常嚴厲，律己律他都甚嚴，像抹過的桌子或窗戶，她不只用眼睛看過，還會用手再摸過檢查一遍。還好我做事也一向「頂真」俐落，倒也習慣。

我是很傳統的女性，接受的教養觀念，還是日本的那一套。每天清晨在先生出門前，一定把眼鏡準備好，臨出門前遞給他戴上，看著他騎速克達揚長而去，完全是日本太太款待先生的模樣。

雖然有時候難免承受來自婆婆方面的壓力及委屈，但因為先生事母至孝，也不想多說讓他為難，更不想因為自己說的話，讓先生擔憂分心。曾在閒聊時聽先生擔心的說：「每天早上高高興興出門工作，晚上回家時心裡總是提心吊膽，怕看到兩個女人的不高興。」當時二十出頭的我已懂得為大局著想，也很認份，心想既然嫁了，一切都得釋懷，即使不抱怨，不高興的神情還是會悄然顯現，我告訴自己，為了家庭一定要忍耐，所以結婚許多年了，婆媳間倒也相安無事。

唯有一件事，讓婆媳意見不和而且演變成檯面化。當大兒子六歲時，我想讓小孩念幼稚園，婆婆以大姐的兒子都沒有念幼稚園為由，不肯答應。所以當婆婆知道我堅持讓小孩入小學前先上幼稚園時，滿臉寫著不高興。當時是公公掌經濟大權，我們夫妻沒有自主的生活費用，很多事情受制於長輩，很難處理。

這段經驗與感受，教會我應體貼現在年輕人的想法，給兒子媳婦們空間，尊重他們的決定。

這段期間，也正是先生在事業上面臨要不要獨資創業，最艱苦的一段時期。在此之前，先生一直是擔著家裡經營百貨行及批發的業務重擔，公公婆婆並不想讓先生自行創業，獨立出去。對我先生而言，從十四歲開始學做生意，由零售到百貨批發，所有的一切都與整個家族綁在一起，已到了該自立門戶的時候了。我知道先生想要設立生產棉襪的工廠，是他人生中的最大賭注，他篤信工廠是事業永續發展必走的路，而獨立作業後，將面臨所有的挑戰和不確定性，往後的人生「要哭、要笑」全靠自己，凡事難料，只能咬緊牙關勇敢承擔。

創業壓力太大了，讓他每天晚上幾乎都無法入睡，甚至連我的父親都勸他：「放寬心，認真做就可以了，憑你的勤、儉和努力，一定沒問題的；如果不行，當一般職員也可以。」擔心先生的壓力造成身體負荷，我也只能在一旁小心的照顧呵護，深怕有什麼閃失。最後我的大哥建議他：「整夜都睡不著也不是辦法，不如利用時間打高爾夫球，運動或許有助解壓。」便強行帶他去打球，開始利用半夜睡不著的時間打球，鍛鍊身體，卻也意外的讓他打了三十多年的高爾夫球。

所有人都像施純鎰，可以不用設政府

提到先生的正直，凡事靠自己打拚，做人「寧可吃虧，也不佔人便宜；如果受人恩惠，一定想辦法回饋」。父親在退休後，因為有一筆退休金，希望將八十萬元分給我和姐姐，錢才給了我兩天，父親即在天母意外過世，當時並沒有人知道有這筆錢，但先生堅持「不是我們的，一毛錢都不能要！」馬上將錢退還給我大哥。事實上，當時先生的事業正需要資金周轉，但他不願意接受不該得的錢。

「如果所有人都像你先生，可以不用設政府。」這是朋友跟我說過的話，意思說他自律甚嚴，管自己的標準比政府設的還高。

我是婚後才開始慢慢認識我先生的，剛開始只是心疼他受苦的童年而產生憐愛，而感情也在越來越了解後逐漸加深。在生意上，我無法幫他任何的忙，只能讓他無後顧之憂。他天天專心在外打拚生意，我則在家看店兼照顧陸續出生的兒子、女兒，盡量不讓他再煩惱家裡的事。

當時家裡經營百貨行，請了幾位店員，一直都是讓店員們先吃飯，每一天，我一定等先生回來才一起吃晚餐，雖然菜已剩下不多，對我來說，卻是一天中最甜蜜的時刻。

結婚後的生活雖不是那麼苦，但處在大家庭中，想要額外吃些什麼也不是那麼容易，雖然娘家就在對面，也只有在「回娘家」的日子，才能回家好好吃一頓飯，而常常屁股還未坐熱，娘家就催著我趕快回去，免得落人話柄。當時的社會風氣就是如此，小倆口想出去吃頓飯或一起到外面散散步，當然也是不可能的。像我懷孕時，也無法特別多吃些什麼，倒是先生體貼，每在吃完晚餐後，總要藉故出門走走散散步，而特地繞到夜市去買個三明治，夾藏在西裝外套的內袋，帶回家給我吃。

抱著感恩的心，我總是緊守著家中的每一個人，像為了讓三個小孩可以吃到熱騰騰的便當，我克服膽怯學會騎腳踏車，方便將做好的便當即刻送到學校。我的想法很單純，先生那麼努力、那麼認真的為家庭打拚，自己如不能將家庭及小孩照顧好，就是愧對先生的努力。天天守候著他們，小孩放學回家，我一定在家為他們開門，也一定等先生下班，一起吃晚餐。

希望自己的家庭溫暖幸福，我謹守著簡單的原則與想法，例如：「生氣時絕不當面衝突，凡事留一個轉圜的餘地」。同理，在外工作總有不順的時候，O型的他脾氣又急，回到家中難免有發作的時刻，讓一讓、忍一忍，有時躲到廚房哭一哭，也就過去了。先生在外面奔波，難免受氣，「回到家一定要讓他感覺溫暖，如此他的心才不會向外」。理家多年的心得，我相信不論是外遇或是小孩變壞，家庭總有百分之六十的責任。我很欣慰家裡的氣氛一直很好，保持一個良性的互動，全家人都在家吃晚餐，沒有夜生活的紛擾，大家習慣早起運動或投入工作。

這也是為什麼當先生半夜三點要打高爾夫球時，我可以半夜兩點起來準備早餐，一定是四菜一湯，一點也不馬虎，一點也不以為苦。因為我將愛放在心中，他為家庭努力，我只不過早點起床煮一餐，算不了什麼。而習慣將最好的食物或菜肴留給先生及小孩的做法，後來常被識破，被迫欣然與他們一起共享。

要說我傳統也好、守舊也罷，當時我只想著自己一定要堅強，不讓先生為家庭分心，先生成天在外工作，因此持家及照顧三個小孩的事由我一手包辦。我相信那是女人的本分，也是家庭中最好的分工。我們家目前是少有的三代同堂，大媳婦是日本人，與我的持家理念相同，主動要求和我們同住，我和先生得以享受兒孫承歡膝下的幸福滋味。

下輩子，還是要當施純鎰的太太

二十多年前，我覺得身體有些不舒服，自行去醫院檢查，醫生說明該症狀必須以開刀治療，我當下就和醫生約好日期。開刀當天的凌晨，我仍照常起來煮早餐，等到先生吃飽臨出門前，我才對他說：「你今天不要去打球，我八點要進醫院開刀。」先生聽了嚇了一大跳，緊張的他到八點前一直坐立難安，不知拉了幾次的肚子，這也是我為何守到最後一刻才說的原因，深知以他的個性，早讓他知道，不知會多增加幾個失眠的夜。

生病康復後，醫生建議我多走路運動對復健最好，先生就像當年我大哥鼓勵他一樣的鼓勵我，他說：「我會一直陪妳走路運動，走到妳培養出興趣來為止。」不只如此，他還天天定目標：「今天走到那裡，就送妳禮物；明天再走更遠一點，同樣有賞；如果還可以再往下走，走到更前面的那棵樹，妳要什麼禮物，都買給妳！」

就是如此感動的力量，讓我蹣跚的步伐不停的往前走，而逐漸對走路走出興趣來。就是由那時開始，至今二十多年來，我也成為爬山健行的愛好者。

結婚四十多年，一路走來，謝謝先生的照顧。我曾對他說：「下輩子還是要當女人，還是要當施純鎰的太太，我們說好下輩子還是要當夫妻，互相扶持一輩子。」

因為生病教會我們重視運動和養生，不一定吃得很豐盛，但是一定要新鮮，冰箱裡不存放超過三天的食物，控制好份量，盡量當天吃完，避免隔夜的食物。每餐一定有三道青菜，加上一肉一魚一豆類及湯，全都煮得清淡，這是大兒子及媳婦深受「有機飲食」觀念的影響，所奉行的飲食新主張。

我一直很佩服先生，到了如此年紀，「看到別人的長處，還會想要學；知道自己的短處，也願意去改」。這很不容易。記得有一次先生在書房，吩咐我讓小兒子到書房來一下，事後小兒子跟我說：「這是在家裡，我是他的兒子，不是職員。」幾天後，趁先生心情不錯時，我提了這件事，隔天起先生的態度就有了轉變，我很欣慰先生願意從善如流，只要他覺得有理，就願意改變。

夫妻間長期相處，我知道他除了不會甜言蜜語外，只要能做的都盡可能努力做到最好。我無法具體幫先生解決工作上的困難，能做的只是維持一個溫馨的家庭氣氛，讓他累了會急著想回家，而家裡永遠會有一碗熱湯等著，如此而已。

兒女眼中的董事長父親

施養鴻

小時候因為父親總是早出晚歸，即使是星期假日，他也要到工廠、辦公室或各賣場看看才會放心，照顧我們生活起居，全由媽媽一手包辦，身為父親的大兒子，與父親的互動並不多，真正認識父親，應該是我在美國讀書那個時候開始的。

年少時期自己的彈性比較大，或許也可以說是主見不強，對父親的安排，一向都是照著做，沒有覺得不好或抱怨。按著父親的期望，先到日本學技術、學管理之後，趁著還年輕到美國開闊視野，也藉著在美國徹底把語言學好。離開美國之前，父親特地到美國找我，藉著開車巡遊美西的途中，更體會父親對我的愛和期盼：「男人要能吃苦，才有擔當的肩膀。」這是父親在我即將到公司任職前，用實際行動向我說明。一切他所要求我們的，他總是自己先做到，就是為了要做我們的榜樣。而他和母親的互動，成為我找尋終身伴侶幸福的準則，在我腦海裡印著他對母親的品評：「個性好，盡事，盡責任，是最美的女人。」在美國念書期間，認識同樣到美國念書的日籍女友，對於很能接受新事物的父親認為婚姻非常慎重，為了更融入未來媳婦的生活，父親投入兩年時間定期和女友吃飯認識，更勉勵我「要疼老婆，不要怕老婆，還要互相敬重」。

我也知道自己的幸運，父親已經奠下很好的事業基礎，自己責無旁貸該負起傳承事業的重責大任。一開始到公司，我由基層做起，學習業務、行銷事務，父親不只一次告訴我「做人、做生意跟自己比，要更進步」，說穿了，就是要創新，每一項專利產品都是在父親創意的想法中催生，像六〇年代推出國內第一雙的休閒襪，為國人打開穿休閒襪的風氣，一直到現在，公司只生產市面上還沒有的專利商品，為的是跟自己比，一次要比一次創新；父親還教我們「站在消費者的角度思考，用良知和誠實努力去做」，『舒服』成為三花為消費者著想的唯一指標；而父親還有一項堅持——就是品質，唯有專業，才能做出好品牌：「經營品牌像蓋倉庫一樣，材料要用好，倉庫就越牢靠」，這原則非常簡單，裡頭卻充滿了父親五十多年行銷的智慧。

在父親身邊工作，才逐漸了解那種「沒日沒夜」埋入工作的辛苦。父親在我這個年紀，為了打拚事業，一天只吃一餐，在工作中，我也體會到真的忙到沒空可以好好吃一頓飯，正因為年輕時很拚，無形中減少和子女相處的時間。父親到上了年紀才漸漸體會到親情的重要，所以他希望我們及早享受親情時光，不時勸我們要多留時間和家人相處，說那是最珍貴也是無可取代的時刻。

雖然工作如此忙碌，父親不僅自己打球，也培養我和弟弟有固定運動的習慣，這些時間都是從調整生活作息挪出來，從不會因運動影響準時上班的時間。父親非常注重時間管理，一邊打球鍛鍊體能，一邊溝通公司的事務，健康改善了，進到公司工作也很有效率，父親高度的自制、自愛，以身作則的身教，對我未來人生帶來很大的影響。

雖然在工作的互動中，有過和父親理念不和的磨合期，年輕人總是比較敢衝、想嘗試，謝謝父親的雅量，某種程度願意讓我有機會從「試行錯誤」中學習，願意付出一些成本，讓我從錯誤中學習正確的做法。跟著父親工作的這十多年，我們的工作理念已漸趨一致，合作無間。到如今，父親能全然放心將業務這一塊交給我負責，這一路上，歸功於父親耐心的教誨，我要說一句：爸爸是我的「良師益友」。

施貞菲

說父親比較疼女兒，好像是一般的通例，身為施家的獨生女，我是幸運的。小時候總覺得父親很嚴肅，哥哥也有相同的感覺。看著父親回家時，想的也都是公事，我們都不太敢和父親說話，多半透過母親才了解父親在忙些什麼，只知道父親忙著做生意賺錢，家裡的事全由媽媽負責。

直到高中畢業，到日本念書時，才慢慢的和父親親近了起來。本來我們的家庭關係算是緊密的，只是聊天的時間稍少而已，因為一直住在家裡，比較感覺不出父母對子女們的掛心。到日本念書後，父親幾乎天天打電話來，他知道我的下課時間，都在快下班時打電話給我，關心我在日本的生活起居。透過越洋電話，我漸漸感受到父親的疼愛和關心。

印象中，父親從來沒要求我們一定要如何如何，他總是說身心健康最重要。父親不只一次表示他對我的要求：「只要求個性要好，能力是其次。」因為他認為「女人的個性好，一定會幸福」。而一個女人個性好，不管對工作或家庭，都很重要。

到目前為止，父親比較不滿意的是我菜燒得沒有母親好。結婚十五年來，我一直很幸運，有婆婆幫忙帶小孩，家裡也有幫傭幫忙，所以對做菜始終沒有強烈的學習意願。可能是我太幸運了，父親也說我太沒野心了，就是命好、運氣又好，不像他事事要求完美。

同是小孩，父親對我們三兄妹，用的是不同的教育方式。譬如我是女兒，基於安全，父親帶我出國旅行一定到比較現代、都會型的國家；而父親和大哥或弟弟出國，則會選擇到比較落後的國家，父親的觀念中，兒子們需要訓練，一定要能吃苦，為以後經營公司打底做準備；而女兒是生來疼的，而且將來會出嫁，有機會就要多疼一點。

回想起來，父親對我們三個小孩的安排，都適情適性，順著小孩的毛摸，皆大歡喜。像我的工作性質一直和業務有關，也符合我喜歡和人接觸的興趣，父親也覺得如此訓練很好，所以父親成立三花棉業公益教育基金會，希望我退休後全力投入，屆時社會歷練夠了，透過基金會可以做公益回饋的事，父親相信我會做得很開心。

有時候和媽媽、哥哥、弟弟聊天時，常會提起父親在做人做事方面的成就，以及為達成目標的驚人意志力，這些能力我們完全跟不上。面對困頓時，父親選擇堅強的撐下去而不是自暴自棄，我們都自嘆弗如。其實，有一個巨人的父親走在前頭，我想大哥和小弟的壓力一定不小，如想要突破，只能更努力了。因為父親已經打下不錯的江山，就看他們如何踩在巨人的肩膀上，飛得更高更遠了。

施養謙

我對父親的印象和兄姐們一樣，「就是很忙、很嚴肅、很有權威，家裡的事，父親說了算」。中學時，不只一次要求想買的東西，媽媽總是一句「要問爸爸」，有時候難免不服氣爸爸「說不」的答案，但現在想起來，也真的不是那麼必要。

如果要說我的父親，我會說他是一個對自己很嚴苛的人，嚴格一詞還不足以形容他對自我要求的程度。父親畢竟七十多歲了，在體力上不如年輕時，但到現在，父親對工作的付出，還是和年輕時一樣，這對精神及體力，都是很大的負擔。所以父親其實是永遠以意志力支撐著，所以不老。

跟著父親培養出來的生活好習慣，是我一生中最珍貴的資產。從父親身上，我學到了很不容易的自制力，像剛開始打球，一直有被父親拉著跑的感覺，現在則體會出打球的好處，越打越有心得，而且身心都很健康很舒服。因為工作的關係，天天只打九洞，夏天五點打到六點，冬天六點半到七點半，只打九洞當然會意猶未盡，球場及桿弟的費用都照付，也是捨不得的部分，但不做取捨也不行，正因為不過癮，以意志力控制是必要的。不過，目前能天天上球場，已享受到打球的樂趣，適可而止的感覺，也不錯。

我很佩服父親的行事風格，父親小時候很窮，等到有錢後，該用的絕不吝嗇，該省的也絕不亂用，但他又不像有些第一代的企業家，捨不得花錢，他很會活用金錢的價值，也很捨得與人分享。在培養小孩的品味上，像我對品嘗紅酒很有興趣，更想增進紅酒知識，父親都很鼓勵我投資及嘗試，他覺得不喝不買如何能精進品味；我又喜歡收藏手錶，像機械錶有雙追針的或月相的，功能複雜的手工錶，父親也覺得如不投資鑑賞，肯定無法了解它令人著迷的地方。

工作上長期和父親相處，很佩服他對事對物觀察入微的能力，尤其是識人之強。記得我剛進公司不久，總急著想獨立表現，有關人事的任用，並不希望父親過度介入。其實，想在半小時內決定晉用一個人，的確沒那麼簡單，所以當父親想耳提面命時，我甚至有點不耐的說「如此介入，我無法自我成長」。

父親也有度量讓我全權負責。結果那一年公司的人事流動率很大，由此我才深深了解，的確是用人經驗不夠，判斷也不夠，或者是人沒有錯，但擺錯位子的關係。不得不心服口服父親用人真有一套。經過兩年的磨練，公司的選才用人上，我也才有八九成的把握。

多次的嘗試錯誤後，我發現父親的做法是在「傷皮不傷骨」的情況下，讓我們嘗試磨練經驗。譬如在新產品的開發上，當我們自認有七成把握，而父親認定只有三成機會時，他會願意花點成本讓我們試試，如果失敗了，以後不會再犯相同的錯誤。父親深知人如果要跌倒，最好是在年輕時，如果年紀太大時才跌倒，恐怕有爬不起來的可能。

提到父親的能耐，當然還有很多學不來的部分，如對市場的敏銳度，一看狀況馬上有聯想有對策，這部分我根本還做不到，還需要相當時間的歷練學習才行。

我心目中永遠的董事長

三花棉業副總經理　洪德任

能到三花棉業上班，不能不說是一種緣份，然而能與施董事長共事，對我而言更是一種福氣。自從董事長創業以來，我一直跟在董事長身邊工作，董事長為人謙和、認真，在工作上他是我的長官，在我的人生生涯中，他有如我的兄長、老師。

民國五十八年創業初期，合夥人撤資之後，工廠只有董事長和我兩個人，董事長負責跑業務、又要調度資金兼管工廠，而我負責管帳，連著三年董事長住在工廠裡，思索未來三花的方向，這是我第一次看見董事長歷經巨大經營風暴不屈服的態度，對人容忍、對事堅持、對困難不服輸，然而我也看到他背後，夫人堅毅支持的力量。

靠著他二十年的批發經驗，對市場基層的瞭解，加上他親力親為的行事風格，理貨的工作，他一定親自參與，在這我觀察到董事長在存貨的控管上，有一種與生俱來的數字敏感度，進貨數量按著他預定的時間及數量來走，總能做到零庫存，他教導我如何從拆退貨過程中了解消費者喜歡什麼、不喜歡甚麼，一邊做市調一邊做存貨管理，一點都不浪費時間。

董事長非常珍惜光陰，從小養成一天只睡四個鐘頭，連零碎的時間也不錯過，他常說他的人生比別人多了二分之一，我心想再加上創業期間沒有休閒時間的規劃，要說多一倍也不為過。

經過時間的累積，公司立穩腳步，董事長常到日本考察，在台灣還沒有建立勞退制度的時代，就為我們帶來最新的職工福利的理念，以日本模式的勞保，保障每一位員工，同時對於主管也充分授權，給予獨立自主的空間，授與職權絕對信賴。

雖然襪子、內衣的選擇性很多，要做出品牌很不容易，董事長要求我們，要以消費者的利益為出發點，專業和誠信一直是公司的經營理念，放在董事長做人的基準上也是一樣，用心、誠懇的與人交往，無論對方是什麼樣的行業，他都可以與人侃侃而談。

最令我印象深刻的是董事長對於不會的事，一定會問到底，不像有些老闆礙於面子，寧可不懂或不想懂，特別是民國八十五年以後，為了公司改革，董事長開始閱讀及學習電腦，一遇到不認識的字，不是問我，就是問他的兒子，雖是小小的事都讓我佩服不已，董事長的學習態度是：只要能變好，再苦再累，都願意努力學習。

我覺得一個人能成功，絕對不是偶然。隨著事業版圖的擴大，我又發現董事長的耐心及肚量，明知兒子的做法可能會失敗，硬是讓他照錯的方案執行試試看，肯讓兒子們由錯誤中學習，這不是一般人做得到的。

董事長求完美的個性，也是我認為別人很難做到的部分。「只要有機會變更好，董事長一定不會放棄機會。」譬如研發無痕肌新款商品的上市，他前後至少試穿了五年，至今仍然天天在試，襪子設計沒有襪頭，一點也不緊，方便老人穿脫；休閒襪好穿，也是為老人考量。提到董事長自己很堅持的襪子，他不單是自己穿，還會拿給別人或同仁試穿，多方嘗試，只是想知道不同人的洗法或用洗衣機洗後的結果，是不是會一樣，這也是力求完美的一種性格。我覺得這已成了董事長基因的一部分了。

即使事業在交棒中，只要有時間，董事長還是持續學習，每次到大賣場，不只是察看自己的產品，更留意別人出了哪些新產品，完全不相關的品項，他同樣很有興趣了解。對董事長而言，好奇心會吸引來更多的好奇心，永遠都在進步，這是董事長最讓人佩服之處。

從創業之初，我就跟在董事長身邊，經歷高山低谷的歷程，董事長可比做企業界的「阿信」，總是在壓力與緊迫的時限中，有耐力的經歷這一切，涵養高度的ＥＱ與自制力。深感佩服董事長的誠信領導哲學，更為董事長行事為人所感動，我感到榮幸，在三花的大家庭裡與公司共同成長，並以有一位永遠可敬的董事長為榮。

第一時間解決問題的人

御匠設計工程公司董事長　陳銘達

第一次見到施純鎰董事長，我沒想太多，心想不過是他想為家裡換壁紙而已，便依約將各式日本進口壁紙帶到董事長家。施董看了看，都不是很滿意，只說下星期再來一趟，希望能帶比這一批更好的壁紙來，然後再丟下一句話：「如果沒有比這些壁紙更好的，也不用來了，免得浪費大家的時間。」如此的直接，讓我嚇了一跳，印象也非常深刻。

這是二十多年前的事了。陸續接觸之後，我認為施董事長為人很厚道，一旦經過他的試用之後，他會像大家長般的照顧他所認識的人。

我由一年一次換壁紙開始，到每十年改造或重新設計施董事長的居家，這其間也幫忙董事長的工廠及加油站做設計規劃，多年的了解，覺得董事長人很乾脆，一旦相信了，就信任到底。施董事長自己也說，五股企業總部辦公室及廠房的興建，三年多的工期不過來看過五次，完全信任，不用費心。

不只工廠，就連居家，也只大致說明一下，便完全信任專家的設計。設計前只說是倆老一起住的房子，其他就由我自己決定。而我以二樓挑高的設計，讓一間座落在山坡上方一大塊磐石上的住家，可以有二百度大範圍的好景致，設計後，讓董事長非常滿意。

在我的印象中，董事長是很「執著的人」，不容易將就，因為董事長非常敏感，像襪子或女用絲襪，非得試穿好到達到標準，才願意生產，做其他事也一樣。這是求好求到有點神經質地步的結果，用在執行工作，當然會成功。

「求新求變的經營者」也是我對他的觀察，如以達爾文適者生存理論而言，不是最優的人可以存活，而是能因應改變的人才能生存下來。的確，如果以社會標準而言，董事長的生存條件絕對不是最優，可是他因為能順著風向找到自己的定位，進而創造自己的環境，闖出一片天。

雖然董事長沒有受過管理的訓練，但從我自己與他接觸的經驗中，發現董事長是「願意信任別人並授權的人」。一旦信任便充分授權，也任由人發揮。更難得的是，董事長「聽得進別人意見」。也許第一時間，他不一定聽得進去對方說明的意見和想法，但他會一直思考別人的意見。如果想法改變，第二天他會主動打電話表示同意你的建議，進一步討論新的方案。有些人到了某種地位時，已經「說不得」或「聽不進」別人的話，但董事長仍然保有接受意見的彈性。

多年的接觸，我會說董事長是「第一時間解決問題的人」。早上七、八點時接到電話，一定是董事長打來的。雖然不疾不徐，可是第一時間處理，顯示他的態度積極，以此可見董事長一定不會是讓事情擴大到無法收拾的地步的人。

另外，董事長更是「精力無限」的人，非常怕浪費時間，自然也不會浪費別人的時間。我曾為董事長算過，以他一天平均只睡四小時來計算，他一年中光是睡覺這件事，就足足比別人多出兩個月的時間，加上努力與積極的個性，可以比別人多做好多的事，這是他很明顯的特質。

言談中知道董事長打球風雨無阻，而且是半夜起早來打的，我自己是因為時間的關係，想打也做不到，但非常佩服董事長「超人的毅力」，一件事可以持續三十多年，真是了不起。

與董事長二十多年的接觸，還有一點讓我很感動，就是董事長「很重情義」的個性。基本上，我覺得董事長「看人很快，不一定精準，錯誤卻很少」。只要覺得不錯，他會盡可能照顧你，有被當做家人看待的感覺，像會相邀一起過母親節等，而且很真誠的對待每一個人。

「追求完美的人」也是我對董事長的印象，像一起討論藝術品及擺放的位置，有一點點不順，馬上否決或更動位置。在董事長家裡，一眼望去，沒有多餘的東西，都收拾得好好的。打開抽屜，所有的東西也是規規矩矩的放在該放的角落，這是一種潔癖，也是追求完美的表現。董事長也是理性中帶有感性的人，他可以在很短的時間內接受一個人，而且很信任對方，為人「古意又熱情」。決定事情時，有把握時馬上反應，一旦猶豫，當下沒有反駁，但會將問題擺在心上，多次思考後，確定自己判斷有誤時，一定更正想法或重新做決定。

很多年長者是不會認錯的，但董事長會馬上反省，再想一次，而且感謝別人提供的意見。這些特質，都是董事長很不簡單而且能成功的部分。

【附錄二】
施純鎰v.s三花棉業打拚史

年代	事蹟
民國25年	．出生於台北市
民國32年	．賣冰棒，幫忙負擔家計
民國35年	．自己獨立照顧一個攤位
民國36年	．擁有生平第一次穿襪子的經驗
民國39年	．以台幣一百五十元及一台舊腳踏車起家，襪子手帕為主打商品
民國41年	．花台幣五百元買腳踏車，腳程踏遍中山北路、忠孝東路、中華路、松山、中永和一帶
民國42年	．租下太原路上五坪店面，成立「新同源百貨商行」批發兼零售
民國44年	．二手摩托車代步，業務拓展到淡水、北投、汐止、基隆、板橋、樹林

民國47年	．二手裕隆車載送貨代步
民國50年	．以台幣五十萬買下太原路第一家店面
民國52年	．購置第二家一百萬店面，開始找代工生產各類襪子
民國56年	．購置新莊思源路廠房用地
民國58年	．工廠正式成立
民國65年	．第一次出國，到香港做生意
民國67年	．鑽研男襪生產
民國70年	．採購日本機器及製襪原料，帶領三花進入全棉時代
民國72年	．與日本梶井會社技術合作，全面採用日本進口原料
民國72年	．推出全國首支「防菌防臭棉襪」廣告，是襪史上的一大創舉

民國82年	．率領研發團隊推出「百分之百超彈性絲襪」，掀起超彈性革命
民國83年	．啟用位於五股工業區的三花棉業企業總部
民國84年	．「百分之百超彈性絲襪」榮獲消基會全國女性絲襪評鑑4A最高評等
民國88年	．研發專利「五片式平口褲」，改變國人男性內著習慣
民國89年	．「百分之百全棉內衣」的推出，突破50年來混紡內衣市場
民國95年	．推出「無痕肌棉襪」，創新專利襪口設計
民國96年	．成立「三花棉業公益教育基金會」，目標為年長者及弱勢學童提供幫助 ．贊助林口青少年高爾夫培訓隊育成國家選手 ．協辦2008國際失智症日宣導活動，為社會老齡人口盡一分心力
民國97年	．研發泥地組織健康毛巾，並取得專利